手串鉴藏全书

《手串鉴藏全书》编委会　编写

北京希望电子出版社
Beijing Hope Electronic Press
www.bhp.com.cn

内 容 简 介

本书以独立专题的方式对手串的起源和发展、鉴赏要点、收藏技巧、保养知识等进行了详细的介绍。本书内容丰富，图片精美，具有较强的科普性、可读性和实用性。全书共分六章：第一章，认识手串；第二章，手串的分类；第三章，手串的辨伪要素；第四章，手串的行情分析；第五章，手串的购买渠道和购买技巧；第六章，手串的保养技巧。本书适合手串收藏爱好者、拍卖业从业人员阅读和收藏，也是各类图书馆的配备首选。

图书在版编目（CIP）数据

手串鉴藏全书 / 《手串鉴藏全书》编委会编写. —
北京 : 北京希望电子出版社, 2023.3
ISBN 978-7-83002-381-2

Ⅰ. ①手… Ⅱ. ①手… Ⅲ. ①首饰－鉴赏－中国②首饰－收藏－中国 Ⅳ. ①TS934.3②G262.9

中国国家版本馆CIP数据核字(2023)第019750号

出版：北京希望电子出版社
地址：北京市海淀区中关村大街22号
中科大厦A座10层
邮编：100190
网址：www.bhp.com.cn
电话：010-82626270
传真：010-62543892
经销：各地新华书店

封面：袁　野
编辑：李小楠
校对：龙景楠
开本：710mm × 1000mm　1/16
印张：14
字数：259千字
印刷：河北文盛印刷有限公司
版次：2023年3月1版1次印刷

定价：98.00元

编 委 会

（按姓氏拼音顺序排列）

目录

第一章

认识手串

第二章

手串的分类

第三章

手串的辨伪要素

第四章 手串的行情分析

第五章

手串的购买渠道和购买技巧

第六章

手串的保养技巧

第一章

认识手串

“走在人群中，我习惯看一看周围人的手腕，那里似乎藏着一个属于当代中国人的内心秘密，从不言说，却日益增多。”白岩松在《你幸福了吗》一书中如是说。的确，现在越来越多的人，不分男女老少，手上都喜欢佩戴着手串，一如当年中山装前袋插支笔。如今手腕上戴手串，似乎已经慢慢成为一种时尚，一种品味，一种生活方式。手串材质数不胜数，有人喜欢菩提子手串所代表的信仰和祈福；有人喜欢宝石手串所蕴含的吉祥高贵；也有人喜欢果核类手串所包含的谐音意义；更有人喜欢竹木类手串的清新高雅……

下面请随我们一起追本溯源，徜徉在手串的世界中，聆听手串的故事。

△ **沉香手串　清代**

18粒，周长32厘米

◁ **越南富森红土沉香随形手串**

直径约1.5厘米，重约12克

△ **佛家多宝手串**

最大直径约1.85厘米

一 手串的起源

手串追溯起来，源于串珠与手镯的串饰品。今天手串已经演化为集装饰、把玩、鉴赏于一体的特色收藏品。串珠最先用于颈饰，通常由有孔饰物串连而成。早在公元前3000年，人类就已经开始将猎物的骨头通过人工钻眼穿成串，挂在脖子上或者手腕、脚腕上。作为念珠（又称佛珠）的历史最早可以追溯到六朝，公认始于东晋的《木槵子经》，当时专门使用无患树的种子（称“无患子”）。后世大量的手串选择果核、果实与此也有一定的渊源，不过更强调制作工艺之精细。

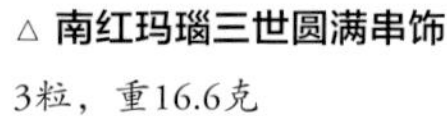

△ **南红玛瑙三世圆满串饰**

3粒，重16.6克

◁ **南红玛瑙手串**

20粒，重61.6克

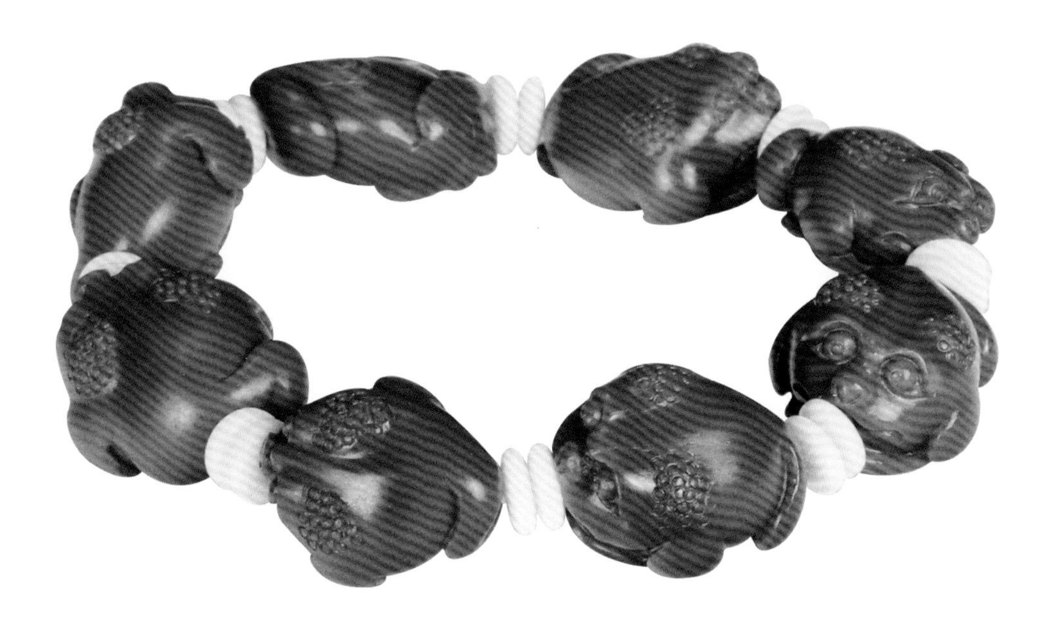

△ **南红玛瑙金蟾手链**

8粒，重33克

中国幅员辽阔，物产丰富，可供做手串的材料多达几十种，有石珠、骨珠、蚌珠、木珠、瓷珠、玉珠、陶珠、水晶、玛瑙、琉璃、玻璃、树种、东珠、象牙等，这些都深深影响了现代手串的制作。

△ **沉香手串**

△ **南红玛瑙手串**

16粒，重39.4克

二 佩戴手串的寓意

如今，佩戴手串的人越来越多。其原因不外乎佩戴手串有这些寓意：装饰美化、提升文化品味、调节心理等。

- **装饰与赏玩**

手串，华贵而不艳俗，确实是日常装饰与佩物的不二之选，观感上美观大方，高洁清雅。不起眼的一串珠子却价值连城，给持有者低调奢华的极致美丽。尤其是竹木类手串特有的纹理和色泽，还能随着时间的变化，从里到外发生质的变化，令人爱不释手。

◁ **老南红手串**
16粒，直径约1.35厘米

△ 南红玛瑙手串

△ **南红玛瑙珠串**

105粒，重149克

△ **南红玛瑙三世圆满串饰**

3粒，重12.6克

△ 珊瑚念珠

△ **蜜蜡珠手串**

重约5.6克

△ 乐师珠手串

• 祈福与安心的意味

手串的用意多是祈福平安等，也可以以物言志。佩戴手串，即是提醒自己坦然应对各种境遇，善调己心，遇事圆融，不忧不怖，不骄不躁，减少不健康心理对自己的控制。

△ 特殊三眼和小三点天珠手串

在今天，集装饰、把玩、鉴赏于一体的手串不仅成了时尚，更成为人们在嘈杂社会中追求的一种心境，一份宁静平和。人们对手串的理解可谓是仁者见仁，智者见智。

△ **南红玛瑙三世圆满串饰**
3粒，重56克

△ **花珀手串**

△ **海蓝宝石手串**

18粒

- **时尚装饰**

学人、名流等知名人士常常在大荧幕上大谈特谈自己所佩戴的手串及对手串的喜爱之情，这无疑是手串时尚化的推手。在手串的选择上，一般来说，男士手腕粗壮、肤色深沉，女士手腕纤巧、肤色白皙细腻，相对应的饰品其材质、款式、规格皆不同。通常情况下，男士佩戴的手链要选择珠子大些的，女士则选择珠子小些的。

◁ 青金石手串

▷ 青金石手串

◁ 青金石手串

• **身份象征与心理暗示**

有的人把手串用来送人，不起眼的一串珠子，却价格不菲，寄托着一种美好祝愿。沉香、和田玉等一串珠子少则几千元，多则几万元甚至百万元。

△ 金珀手串

△ 佛家多宝手串

◁ 东珠手串

此外，手串也是一个表征，或者说是一个提醒，提醒自己在烦恼的时候，在郁闷的时候，在心理失衡的时候，调整心态，调柔内心，用更圆融、更全局化的方式来处世。心若能安定清静，则所遇自然吉祥如意。

◁ 黑白珠手串

△ **南红玛瑙珠串**

73粒，重132克

三
手串行话

行有行规，手串收藏市场也不例外，也有自己独特的“行话”。

1 | 包浆

“包浆”一词是收藏界的术语，说白了就是“光泽”，但不是普通的光泽，是专指器物表面的一种光泽。大凡器物，经过长年累月之后，会在表面形成一层“包浆”，该“包浆”温润含蓄，不张扬，给人以淡淡的亲切感。古玩之所以会形成“包浆”，主要是因为人们长期把玩和摩擦的结果。也有一些其他成因，比如土埋水浸、空气中尘埃的吹拂等。例如黄花梨包浆是因黄花梨木本身有油性，经岁月“打磨”油质外泄，与空气中的尘土、人们触摸的汗渍互相融合而成。

△ **翡翠十八子手串 清代**

18粒，周长26.8厘米

手串以18粒翡翠制作而成，翠质晶莹透彻，色泽华美，以两粒粉红碧玺隔成两段，粉红色碧玺佛头佛塔，娇艳耀目。另有米粒珍珠，聚列成结。下方以浅色绦带系金刚杵，下系精致小巧的椭圆形粉红碧玺，又以粉红碧玺为两坠角，工艺细致，琢制精心。此手串不仅材质极为珍贵，设计也颇为精奇，金属之光，翠石之泽，相映成趣，是为点睛之笔，独具匠心，令人拍案叫绝。

△ **越南老料沉香松石手串**

有经验的专业人士通过包浆可以判断出器物的出产年代。“包浆”滑熟可鉴，幽光内敛，意味着古玩有了年纪，大大不同于新货那种刺目轻浮的“贼光”。

2 | 贼光

“贼光”指的是刚出炉的新货表面标志性的刺目的光，一般色调浮躁、肌理干涩。

△ 南红玛瑙手串

3 | 捡漏

“捡漏”指的是用很便宜的价钱买到很值钱的古玩，而且卖家往往是不知情的。

△ **千年一线乐师珠手串**

乐师珠9粒，最大直径约1.88厘米

南红配珠最大直径约1.35厘米

4 | 开门

看藏品时碰上年代老的真货叫“开门”或“一眼货”。

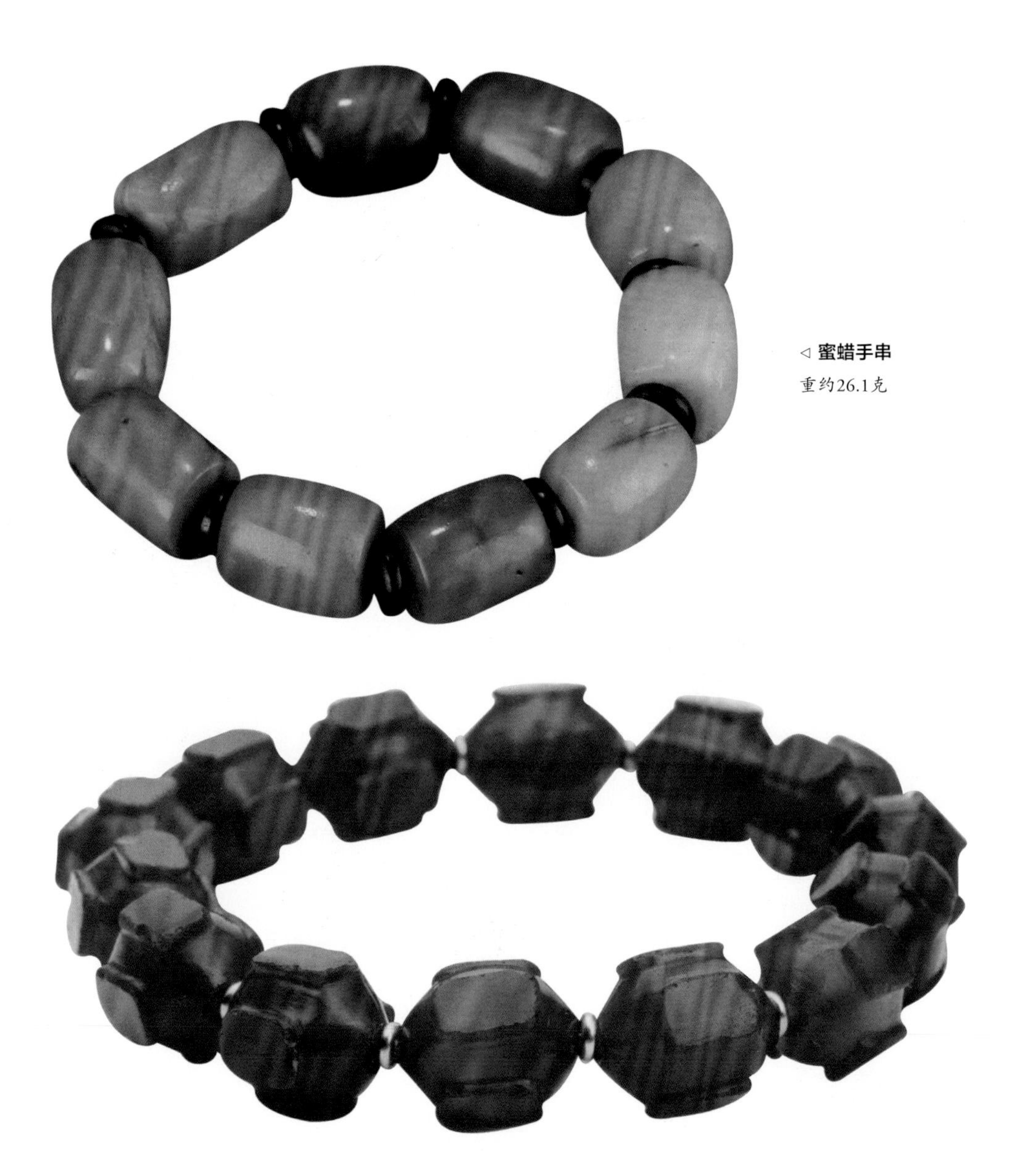

◁ **蜜蜡手串**
重约26.1克

△ **玛瑙手串**

△ 紫檀手串

5 | 紫檀木的“红筋”“红斑”“金星”

紫檀的“红筋”或者“红斑”指的是紫檀的“黑筋”或“黑斑”的最初形态，是已产生量变但尚未达到质变的阶段。

紫檀在生长过程中受养分匮乏、木质开裂渗入水分、大量紫檀素和沉淀物的堆积等诸多因素的影响，细密的棕眼被堵塞，引起细胞的衰老甚至死亡，致使此部分细胞比周围的正常细胞密度更大，颜色更深，棕眼更少，甚至完全没有棕眼，但此时还处在红色的状态，尚未形成“黑斑纹”。如果制成手串，就会出现红色的斑点状纹路，一般此部分缺少韧性，易裂。

“金星”指的是紫檀木剖开后，经打磨，每一个棕眼孔内都会闪烁金点。这其实是树木导管纤维间的胶状结晶。

6 | 黄花梨的“鬼脸”

黄花梨木纹中多见木疖，木疖平整不开裂，呈现出老人头、狐狸头等纹理，即人们所称的“鬼脸儿”。

△ **黄花梨鬼脸手串**

△ **黄花梨鬼脸手串**

7 | 手串作旧

作旧，是指通过一定方法，使器物表面呈现旧的表象，亦即使器物更像、更接近所仿的那个时代留存下来的手串工艺品应有的状态。通过人为加工处理，很容易产生所谓的包浆，从而达到提升器物的价值的目的。除非是资深鉴定专家，否则买者很难察觉。

• 孔道作旧

很多珠友都是通过孔道的形状及磨损程度来辨别珠子是否为老珠。一些不良商家采用琴弦扩孔、抛光，加速珠子磨损，从而达到以假乱真，以次充好的目的。如果不是资深鉴定专家，即使用放大镜也很难鉴别。

• 实物作假

主要是针对果实类、菩提类手串常见的手法，包括蒸煮、油炸、泡、熏、上色、上漆和化学试剂。以金刚菩提为例，一般借助油熬、油炸等作旧工艺，可弄出很多又黑且光亮的金刚菩提。

第二章

手串的分类

一 宝玉石类手串

目前，手串分类尚未有法定的标准，一般按约定俗成的习惯来分类。市场上常见的手串按材质分类有玉石类手串、竹木类手串、菩提类手串、果实（核）类手串等。

宝石因其光泽灿烂、颜色鲜艳、坚硬耐久、晶莹剔透、存世稀少，所以比较贵重。一般来说，宝石种类包括水晶、猫眼石、碧玺、玛瑙、琥珀、琉璃、绿松石、孔雀石等。

从广义上来讲，玉石具体包括金沙石、太阳石、青田石、昌化石、青金石、大理石、寿山石等；从狭义上来讲，玉石分为两种，即硬玉（以缅甸优质翡翠为代表）和软玉（以优质和田玉为代表）。硬玉就是翡翠，产于缅甸。翡翠以其特有的成分和优良的质地，成为“玉中之王”，深受人们喜爱。软玉就是硬度低于翡翠的天然玉石。严格地说，软玉仅指新疆和田玉，或者说只有新疆和田玉才称作“软玉”。

△ 用其他绿玉冒充的翡翠手串

常见宝玉石

（1）天然宝石：祖母绿、红宝石、黄宝石、蓝宝石、绿宝石、水晶、碧玺、紫晶金矿石、萤石、尖晶石、蛋白石、金刚石、赤铁矿、石英、金绿猫眼、黄绿猫眼等。

（2）天然彩石：寿山石、田黄石、青田石、鸡血石、五花石、长白石、松花石、雨花石、巴林石、贺兰石、菊花石、紫云石、磬石、燕子石、歙石、红丝石、太湖石、昌化石、蛇纹石、上水石、滑石、花岗石、大理石等。

△ **红玛瑙手串**

14粒，重79克

（3）天然有机宝石：琥珀、砗磲、珍珠、珊瑚等。

（4）天然玉石：翡翠、夜光玉、金黄玉、碧玉、冰花玉、灵壁玉、和田玉、岫岩玉、南阳玉、蓝田玉、东陵玉、准噶尔玉、玛瑙、孔雀石、绿松石、硅孔雀石、绿冻石、青金石、英石等。

△ 绿松石南红手串

1 | 水晶手串

水晶以其晶莹透明、温润素净等特点著称，并受到人们的喜欢。其中天然水晶更是大自然的瑰宝，非常稀有珍贵，是自然界火山和地震等剧烈地壳运动的产物，每一块都是唯一的，具有独特的美和生命力。用水晶做成的手串受到人们的追捧，已成为大街上一道亮丽的风景线。

△ 水晶手串

水晶名片

中文名称： 水晶。

别　　名： 晶石、水晶石。

主要成分： 二氧化硅，由于含有不同的混入物而呈多色。

常见种类： 白水晶、紫水晶、茶晶、发晶、绿水晶、彩虹水晶、粉晶、海蓝宝、玛瑙等。

分布区域： 巴西（最有名）、乌拉圭、美国、南非、赞比亚、俄罗斯、中国、越南、巴基斯坦等地。

鉴别特征： 冰裂、云状、絮状物等。

◁ 彩色水晶手串（局部）

2 | 琥珀手串

琥珀是古代松柏类植物分泌的树胶、树脂，经长期掩埋，一些相对易挥发的成分流失后氧化固结而成的树脂化石。由于松柏类植物属于较高等的裸子植物，所以，琥珀主要出现在地质时期的较晚阶段，通常是距今几千万到几百万年的第三纪时期。偶尔发现有较早时期的，如我国黑龙江曾发现有1.3亿年前中生代时期的琥珀，加拿大也发现有1亿年前的琥珀。

△ **琥珀手串**

◁ **琥珀手串　清代**

13粒

△ 琥珀手串

△ 琥珀手串

△ **琥珀手串**

△ **琥珀手串**

△ 琥珀手串

琥珀是一种完全由有机物构成的物质，其化学组成相当于$C_{40}H_{64}O_4$（或$C_{10}H_{16}O$），及少量的硫化氢、微量的氮、铁、硅等，是一种非晶质固体，一般为透明到半透明，少数也可以不透明。树脂光泽，折射率在1.539～1.545之间。相对密度很低，只有1.05～1.09克／立方厘米，所以它可漂浮在海面上。摩氏硬度2～2.5，性脆、易断、断口呈贝壳状。不耐高温，150℃时会软化，250℃～300℃时熔化，并具有可燃性。还具有挥发性，捏在手中时间稍长，即可挥发出一种优雅的琥珀香味（这特质使其在中世纪时深受宫廷贵妇的喜爱，以致人手一块）。它具有摩擦生电的特性，还易溶于硫酸和热硝酸中，部分溶于酒精、汽油、乙醚、松节油中。

△ **琥珀手串**

琥珀通常为各种深浅不同的黄色、黄褐色，也常见褐色、褐红色、红色和黑色，偶尔也有微绿色、微蓝色、微紫色，甚至绿色和蓝色。琥珀中还常见有小气泡，有小虫、种子、草叶等包裹物，也有石英、长石、高岭石、方解石等混入物。

琥珀名片

中文名称：琥珀。

别　　名：血珀、红琥珀、光珀、育沛、虎珀、虎魄、江珠、琥魄、兽魄、顿牟。

主要成分：琥珀脂酸、琥珀松香酸、琥珀酸盐和琥珀油等。

常见种类：金珀、血珀、翳珀、花珀、棕红珀、蓝珀、绿珀、虫珀、蜜蜡、珀根等。

分布区域：按产地可以分为海珀和矿珀，海珀以波罗的海沿岸国家出产的琥珀最为有名（如波兰、俄罗斯、立陶宛等）。矿珀主要分布于缅甸及多米尼加、中国辽宁抚顺、中国河南南阳等国家和地区。

鉴别特征：形状大多不规则、有气泡、残片、裂隙等。

△ 琥珀手串

3 | 青金石手串

青金石是一种较为罕见的宝石，其中以深蓝色、无裂隙、无杂质、质地细腻者最为珍贵。主要产地为阿富汗。

△ 青金石手串（局部）

△ 青金石手串

△ **青金石手串**

青金石名片

中文名称： 青金石。

别　　名： 天青石、金碧（古称）、点黛（古称）、璧琉璃（古称）。

主要成分： 青金石、方解石和黄铁矿等。

常见种类： 青金石、青金、催生石、金格浪等。

分布区域： 主要产地为阿富汗，其次还有智利、俄罗斯、加拿大、塔吉克斯坦等国家。

鉴别特征： 以蓝色调浓艳、纯正、均匀为佳。

△ 砗磲手串

4 | 砗磲手串

砗磲是产自于印度洋和西太平洋的一类大型海洋双壳类生物。绝大部分大型贝类生活在印度洋温暖水域的珊瑚礁中，许多种类和甲藻类共生。砗磲是海洋贝壳中最大者，贝壳大而厚，直径可达1.8米，壳面很粗糙，具有隆起的放射肋纹和肋间沟，其状如古代车辙，故得名“车渠”，后人因其坚硬如石，又在车旁加石字，故名“砗磲”。砗磲的一扇贝壳可以制作成洗澡盆供婴儿使用，也可以制作成其他各种器具。

砗磲非常稀有，壳外通常白皙如玉，里面白色，外套膜缘呈黄、绿、青、紫等色，是不可多得的装饰品。在西方国家，砗磲和珍珠、珊瑚、琥珀被誉为四大有机宝石。宝石界认为质地细腻、颜色洁白、有晕彩光泽的贝壳才可达到宝石级别，砗磲是其中的佼佼者。但是近年来，随着市场需求的不断扩大，一些其他白色贝壳也被商家归到砗磲行列。

砗磲名片

中文名称： 砗磲。

别　　名： 车渠。

主要成分： 海中生物的壳。壳甚厚，略呈三角形，表面有渠垄如车轮之渠，故名。

常见种类： 金丝砗磲、大砗磲等。

分布区域： 印度洋和西太平洋等。

鉴别特征： 表面上杂质少，光滑，色度白、不发黄，没有坑坑洼洼者为佳。金丝砗磲是其中的佼佼者。

△ 砗磲手串

△ 砗磲手串

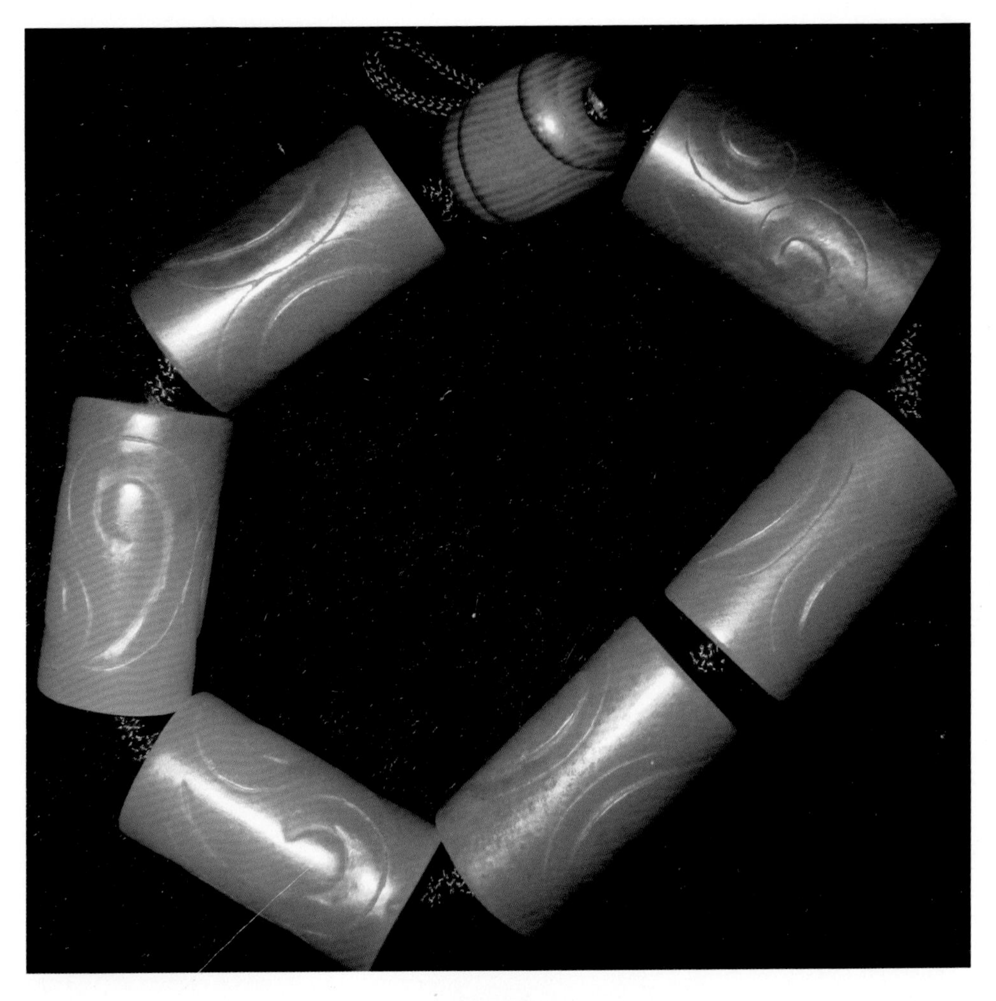

△ **和田玉手串**

5 | 和田玉手串

自古以来，和田玉就吸引着世人目光。据明代学者周履靖在《夷门广牍》中记载："于阗玉有五色，白玉色如酥，冷色、油色及雪花者皆次之；黄色如栗者曰绀黄玉，焦黄次之；碧玉色青如蓝靛即今深青色，或有细墨星者、色淡者皆次之；黑玉色如漆，又谓之墨玉，赤玉如鸡冠，人间少见。"也就是说，白色如酥和黄色如栗者最为珍贵。现实生活中白玉可见，黄玉则不多见了。黄玉因稀有而备受世人追捧。

和田玉是一种单矿物岩，含极少的杂质矿物，主要成分为透闪石。其著名产地是号称“万山之祖”的昆仑山，即今新疆和田地区，故名“和田玉”。和田玉是玉石中的高档玉石，是我国国石的候选玉石之一。现今和田玉的名称在国家标准中不具备产地意义，并非特指新疆和田地区出产的玉，而是一类产品的名称，我国把透闪石成分占98%以上的玉石都命名为和田玉，即无论产于中国的新疆、青海、辽宁、贵州，还是俄罗斯、加拿大、韩国，其主要成分为透闪石即可称为“和田玉”。

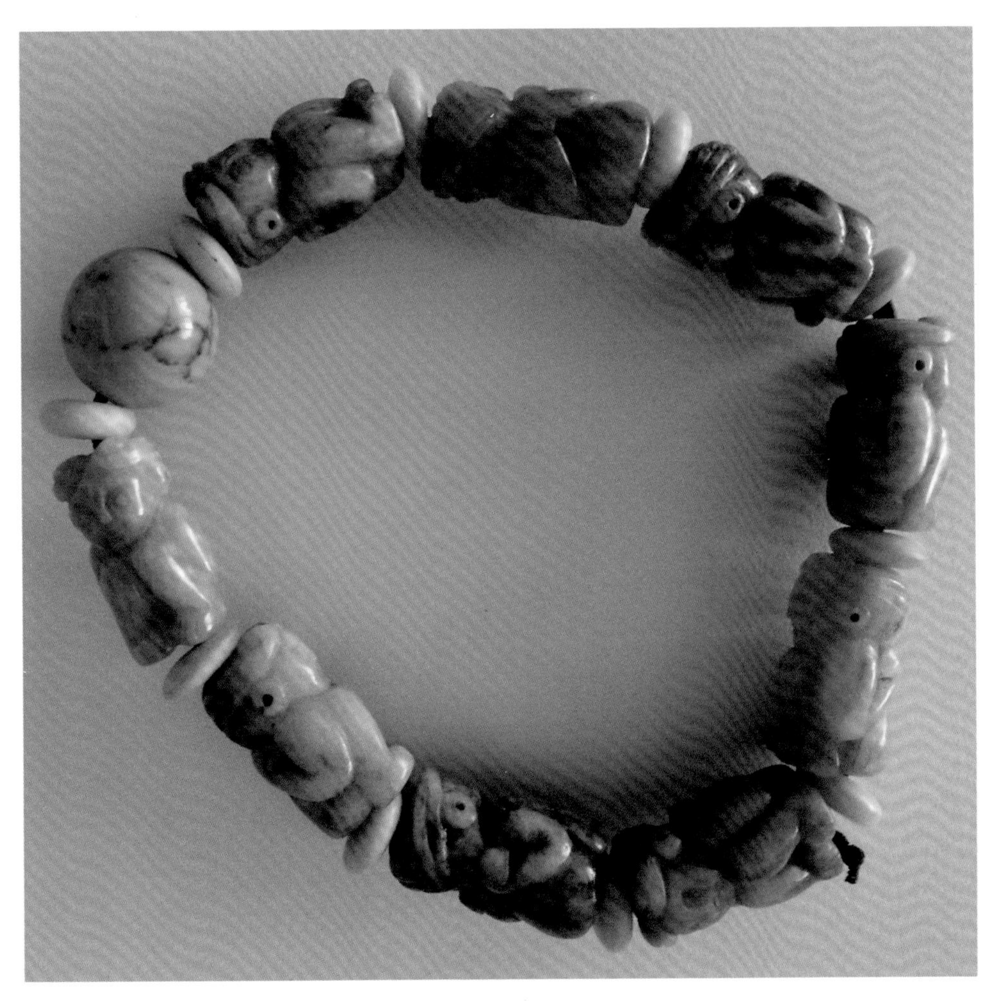

△ **和田玉手串**

和田玉名片

中文名称：和田玉。

别　　名：昆仑玉（古名）、和阗玉、软玉、透闪石。

主要成分：青金石、方解石和黄铁矿等。

常见种类：羊脂白玉、白玉、青白玉、青玉、黄玉、糖玉、碧玉、墨玉等。

分布区域：中国新疆塔里木盆地之南的昆仑山等。

鉴别特征：温润或油性是和田玉最重要的特征之一；硬度、韧度大；声音优美。

△ 和田玉手串

6 | 翡翠手串

翡翠，英文名称jadeite，源于西班牙语plcdode jade的简称，意思是佩戴在腰部的宝石。翡翠，是硬玉的代表，颜色呈翠绿色（称之翠）或红色（称之翡）。翡翠是在地质作用下形成的达到玉级的透明、半透明、不透明的石质多晶集合体。其晶体结构致密、坚硬，摩氏硬度为6 ~ 7，密度为3.3 ~ 3.4，产量稀少，价值昂贵。翡翠是我国著名的传统珠宝之一，以翡翠制作的饰品在清代极为盛行，但多为皇室所有，流传到民间很少。

接触翡翠时，最常听到的就是翡翠的A货、B货、C货。一些商家常误导消费者说"A货就是A级翡翠，B货就是B级翡翠，C货就是C级翡翠"，其实不然。A货指用翡翠原料直接设计打磨而成。A货是纯天然的，其颜色自然，与底子相协调，声音清脆。B货是将杂质多、原料很差的低档翡翠进行酸洗、注胶处理，漂洗去除灰、蓝、褐、黄等杂质后保留绿色、紫色，从而冒充高档翡

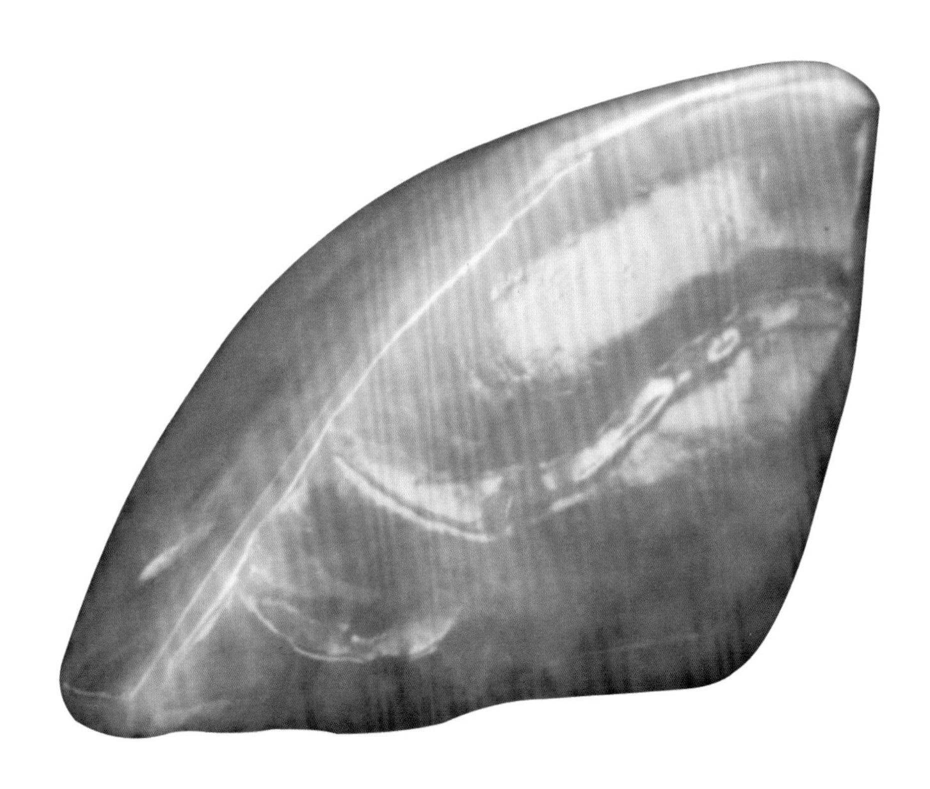

△ **阳绿翡翠原料**

长7.4厘米，宽3.9厘米，厚3.9厘米

翠。B货的矿物成分是天然翡翠的成分，但颜色发飘，敲击声音发闷，光泽有胶感，其结构遭到严重破坏，而且有外来物质的加入，日久会褪色，光泽会消失。但需要说明的是，好的B货比差的A货价值要高。C货专指人工染色处理后的翡翠及其成品。其方法是借高温高压将染色剂渗入原来无色的翡翠中，使其全部或局部染成翠绿色或紫色等，这种色泽会随时间转淡变暗。此外，还有一种B + C货，是既酸洗注胶又染色的制品。

△ **翡翠珠链**

164粒翡翠珠，直径0.7～0.866厘米

此珠链由164粒翡翠珠串成双串珠链，串珠颜色翠绿，色满均匀，高贵而含蓄。配镶有3粒钻石的14K白金长方扣。

翡翠名片

中文名称： 翡翠。

别　　名： 翡翠玉、翠玉、硬玉、缅甸玉。

主要成分： 硅酸铝钠。

常见种类： 老坑种、芙蓉种、金丝种、紫罗兰种、红翡种、黄翡种、油青种等。

分布区域： 缅甸北部等。

鉴别特征： 翠性、石花、颜色。

△ 冰种翡翠满绿珠链

7 | 猫眼石手串

猫眼石是一种铍铝氧化物，化学式为$BeAl_2O_4$，并常有铬、铁、钛等微量元素混入，呈黄一黄绿色，也有呈灰绿、褐一褐黄、棕、紫褐、紫红、橙黄等色。这种宝石在晶体中有平行分布的“管状”包裹体，加工成弧面型宝石后，能对光产生集中反射，出现一条“瞳眸”一样的光带，酷似猫儿的眼睛，在聚光手电的照射下，转动的猫眼宝石甚至会一开一合，因此得名“猫眼”。

△ 猫眼石手串

在成因上，猫眼石与绿柱石关系密切，均大多产在伟晶岩里，互相伴生，因此，常被误认为是金色绿柱石。其实，猫眼石在许多性质上优于绿柱石。如它的折射率比绿柱石大，其折射率在1.746～1.755之间，因此它比绿柱石具有更强的光泽；它的硬度也比绿柱石大，摩氏硬度为8～9；密度也较大，猫眼石密度约为3.73（±0.02）；加上猫眼石在自然界的产量比绿柱石少得多，所以，它完全够得上珍贵宝石的资格。不足的是，它缺乏艳丽的色彩，所以除了具有特殊光学效应的猫眼石外，普通的猫眼石并没有被列入珍贵宝石之列，知名度也相对较低。人们常常把它等同于金色绿柱石。

△ **猫眼石手串**

△ 猫眼石手串（局部）

猫眼石名片

中文名称： 猫眼石。

别　　名： 猫儿眼、木变石。

主要成分： 铍铝氧化物。

常见种类： 金绿宝石猫眼、海蓝宝石猫眼、电气石猫眼等。

分布区域： 斯里兰卡西南部的拉特纳普拉和高尔等地。

鉴别特征： 从颜色、眼线的位置、宝石的形状、重量等因素考虑。优质的猫眼宝石，猫眼线要细而窄，界限清晰；眼要张闭灵活，显活光；猫眼颜色要与背景形成鲜明对比；并且猫眼线要位于弧面中央。

8 | 碧玺手串

碧玺即电气石，又译为“托玛琳”，具有石英等所拥有的压电效应。目前在碧玺市场上，以帕拉伊巴碧玺的价位最高，深受收藏家青睐。此特殊霓虹蓝绿色调的宝石在自然光或无光源的环境中也会散发出霓光色泽，挖掘相当不易，晶体产量不大，价位一直居高不下。高级碧玺零售价可达每克拉2万美元，普通品相的碧玺由于产量巨大，则价格相对低廉。

△ 碧玺手串

△ **碧玺手串**

碧玺名片

中文名称：碧玺。

别　　名：电气石、托玛琳、碧茜。

主要成分：环状硅酸盐矿物。

常见种类：绿色碧玺、黑色碧玺、西瓜碧玺、蓝色碧玺、玫瑰碧玺等。

分布区域：巴西、斯里兰卡、马达加斯加等。

鉴别特征：从颜色光泽、透明度、内含物、缺陷与否及重量考虑。

二 竹木类手串

自古以来，“竹”就被文人雅士吟叹赞颂，其体柔而虚中，质高洁，不易被风雨摧折，故古人常把它比作“临大节而不可夺”之君子。竹有篁竹、邛竹、文竹、箭竹、棕竹、桃枝竹、斑皮竹等类，都是制造手串的好材料。木包括椒、桐、梓、松、柏、桂等。一般来说，“身份”较为名贵的木制手串大多选用沉香、檀香、乌木、伽南、紫檀等。木质手串因其佩戴轻便、纹理漂亮、气味芬芳、价格低廉（最低能到5元）、盘玩后发生的神奇变化，广受喜爱，成为当今时尚潮流的引领者。木质类手串多种多样，很难有一个明确的范围。下面将给大家讲述一些较为常见的种类。

△ 金丝楠木手串

1 | 金丝楠木手串

金丝楠木，木材一般为黄色、金黄色，具清淡的香味，质地细腻、坚硬、耐磨，经阳光照射有金丝浮现，即使不添加任何油漆也光亮照人。更为难得的是，有的楠木材料结成天然山水人物花纹，而且木材稳定，千年不腐不蛀、不变形，经久耐用，冬暖夏凉，所以深受古代皇家的喜爱。金丝楠木生长缓慢，成为栋梁材要上百年。据说早在明末就已经濒临灭绝，现已被列为我国独有的二级野生保护植物。

大部分楠木都或多或少有金丝，但并非所有带金丝的楠木经岁月淘洗都能成为金丝楠木。因为金丝楠木的金丝实际上是楠木细胞液经过漫长的氧化后形成的一种结晶体，这种结晶体能多角度地反射光线，在适当角度下查看，可见强烈光线反射，光亮而璀璨，香气淡雅，浓于普通楠木。但究竟如何界定“金丝楠”并无统一标准。一般来说，只要显现明显金丝的均可确定为金丝楠，但是因为个人直观感觉不同，所得标准自然也不同。如同王世襄先生记述的：同一种木材，所处环境不同，色泽变化就会较大；剖切方向不同，呈现出的纹理就不一样。所以当前市场上的金丝楠木价值极高，有“一木一议”的规矩。

△ 金丝楠木手串

金丝楠木名片

中文名称： 金丝楠。

别　　名： 紫金楠、金心楠、金丝楠，楠木，枇杷木。

常见种类： 桢楠属的桢楠、闽楠、紫楠、利川楠、浙江楠及润楠属的滇润楠、基脉润楠和粗状润楠。

分布区域： 中国的四川省、贵州省、江西省、湖北省和湖南省等地，主要产地为四川省。

鉴别特征： 隐约带有金丝，有清淡香味，耐磨，光亮度好。

2 | 沉香手串

沉香被誉为“树木中的钻石”，有着与生俱来的香气，淡雅宜人。古语常说的“沉檀龙麝”的“沉”，指的就是沉香。沉香香品高雅，十分难得，历来被列为香中之王、众香之首。我们平时所认知的沉香，实质上是沉香树的心材，它是沉香树在十分特殊的条件下经过漫长的自然演变形成的，是由“沉香醇”和沉香树的木质成分混合组成。沉香真正的核心是它所含的那种有着特殊香气的油脂“沉香醇”。

△ **文莱沉香手串**

14粒，重约23.3克

沉香树又名牙香树、白木香，是原产中国的常绿乔木，有平滑及浅灰色的树干、卵形及叶脉幼细的叶片和黄绿色的小花。

沉香用途广泛，它的树脂可以用于制成香料，供药用和雕刻成各种艺术品。

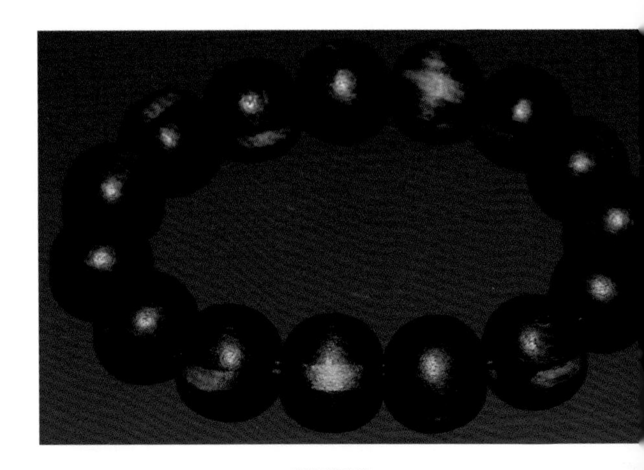

△ 沉香手串

△ 文莱天然老料沉水沉香手串

17粒，直径1.2厘米

△ 印度尼西亚沉香南红手串

沉香名片

中文名称： 沉香。

别　　名： 蜜香、栈香、沉水香。

分布区域： 中国的海南省、广西壮族自治区、福建省，以及印度尼西亚、马来西亚、越南和柬埔寨等地。

常见种类： 进口沉香、海南沉香、迦南香、绿棋、紫油伽南香、盔沉香。

鉴别特征： 均以质坚体重、含树脂多、香气浓者为佳。

3 | 檀香手串

檀香自古以来深受人们欢迎，许多古代的庙宇或家具都是由檀香木所制成，檀香木雕刻出来的工艺品可谓珍贵无比、芳馨经久。我们知道的檀香其实是檀香树的心材，不包括檀香的边材（没有香气，呈白色）。中国天然檀香树早在明清时期就已经被砍伐殆尽。国内的檀香原木大多依赖进口。此外，檀香树生长条件苛刻，它是一种半寄生植物，在幼苗期还必须寄生在凤凰树、红豆树、相思树等植物上才能成活，生长极其缓慢，通常要数十年才能成材，是生长较缓慢的树种之一，故而檀香的产量极低。品质好的檀香的市价已经达到每千克3000～6000元。世上仅存的天然檀香木只有印度、斐济和澳大利亚等（以印度老山檀香为最），且由于严格的保护措施和高额关税限制出口，市面上的檀香木已是难得一见。

△ **檀香手串**

檀香名片

中文名称： 檀香。

别　　名： 白檀香、浴香、旃檀（古称）、真檀（古称）。

常见种类： 老山香、新山香、地门香、雪梨香等。

分布区域： 印度东部、印度尼西亚、泰国、马来西亚、澳大利亚、斐济等湿热地区。

鉴别特征： 纯正、极柔和、温暖而香甜的木香，又微带玫瑰香、膏香与动物香，香气前后一致且持久。

4 | 黄花梨手串

黄花梨产于中国海南省、越南等地，是木材中的珍品，有“寸木寸金”的说法，制作而成的手串格外名贵，有价难求，备受历代贵族雅士追捧。“黄花梨”一词何时出现的呢？业界两种观点较流行。

一种观点出现于20世纪30年代，由著名学者梁思成等提出。他们为了将新、老花梨加以区别，便将老花梨冠以“黄花梨”名。

另一种观点认为由于民国时期大量的低档花梨进入，并被普遍使用，人们为了便于区别，才在老花梨之前加了“黄”字，从而使老花梨有了一个固定的名称——黄花梨。

△ **黄花梨手串**

△ 黄花梨手串（局部）

▷ 黄花梨手串

海南黄花梨是黄花梨中材质最好的木种。它分为两种：一种名为海南黄檀，其心材较大，几乎占整个树径的4/5左右，且多呈深褐色，边材多为黄褐色，海南人称之为“花梨公”；另一种称为降香黄檀，其心材占其树径的比例较小，且多呈红褐至紫褐色，边材多为浅黄色，海南人称之为“花梨母”。2000年5月，《红木》国家标准颁布实施，正式将降香黄檀定名为香枝木。因木材珍贵，成年植株几被砍伐殆尽，近来有些树桩都被连根挖起，供作药用和工艺美术材料，天然资源急剧减少。降香黄檀是目前世界公认的最珍贵树种之一，稀有而珍贵，价格逐年上涨。

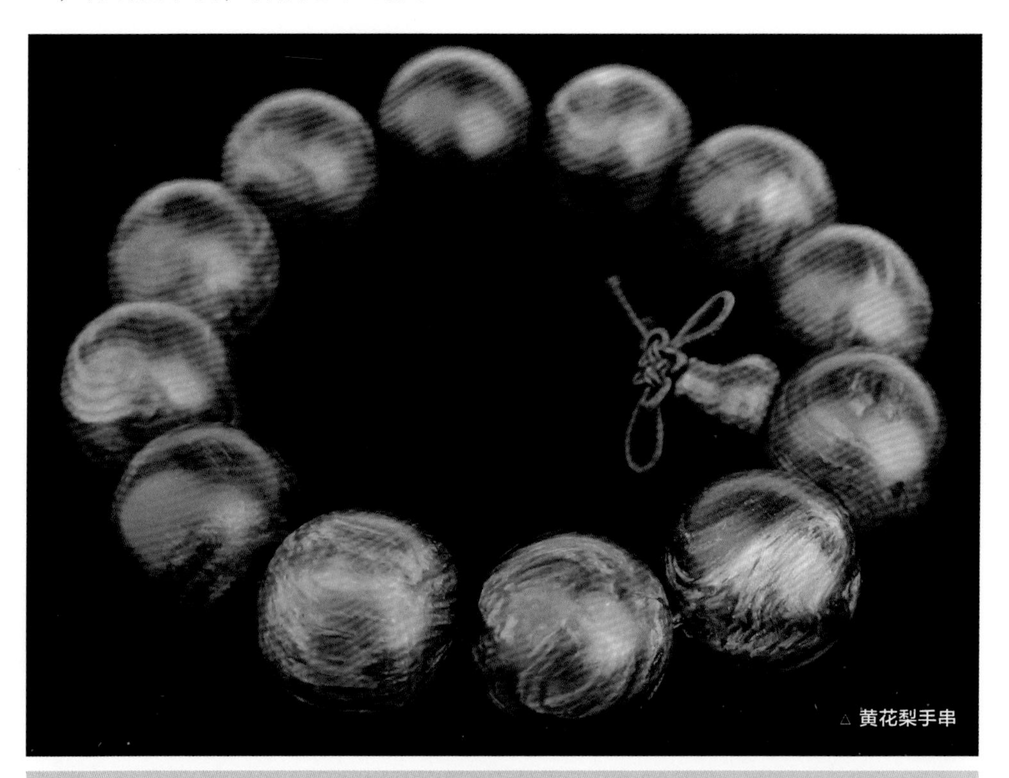

△ 黄花梨手串

黄花梨名片

中文名称： 降香黄檀。

别　　名： 花梨母、香枝木。

常见种类： 鬼脸纹和虎皮纹黄花梨（按花纹分）；黄黎（糠梨）和油黎（按油性分）。

分布区域： 中国海南岛低海拔的丘陵地区或平原、台地。

鉴别特征： 边材淡黄色，质略疏松，心材红褐色，坚重，纹理致密；有香味，可用作香料。

△ 黄花梨手串

△ 黄花梨手串

△ 紫檀手串

5 紫檀手串

紫檀，别名青龙木，为豆科紫檀属中极为硬重的一类树种的统称，是珍贵的红木之一。檀，意思是硬木、坚木；紫檀即紫色的硬木。我国古代所见到的紫檀的最早记载，出自晋代崔豹的《古今注》：“紫旃木，出扶南而色紫，亦谓紫檀。”

《太平御览》一书记载，紫檀出自于昆仑国。据《南夷志》记载：“昆仑国，正北去蛮界西洱河八十一日程。出象，及青木香、旃檀香、紫檀香、槟榔、琉璃、水精、蠡杯。”昆仑国古时又称为“盘盘国”，位于现今的马来半岛东岸，暹罗湾的不远处。现今马来群岛依然是紫檀木的重要产地。

紫檀成材极难，一棵紫檀木生长几百年方能使用。最大的紫檀木直径也就20厘米左右，有“寸檀寸金”之称，故珍贵程度可想而知。加之紫檀呈富贵的紫色，自明代开始，紫檀作为家具原料专供皇家贵族使用。清代，随着黄梨木基本绝迹，宫廷家具大多使用紫檀木。明清两代建立起的紫檀木的尊贵地位，至今不衰。

广义上的紫檀木有数十种之多，可归纳为三类，即小叶紫檀、大叶紫檀、花梨紫檀。

• 小叶紫檀

产自印度，木质极细，易出光泽，为中国清代宫廷家具的主要用材。新剖开的木材有股淡淡的檀香味，久则无味。小叶紫檀细分包括牛毛纹小叶檀、金星小叶檀、檀香紫檀等。

• 大叶紫檀

大叶紫檀按植物学分类，其实属于黄檀属，学名卢氏黑黄檀。大叶紫檀纹理较粗，颜色紫褐色，褐纹较宽，脉管纹粗且直。打磨后有明显脉管纹棕眼。

• 花梨紫檀

花梨紫檀棕眼粗大似老花梨，质重色浅，易褪色，质地较其他紫檀粗，不适合做精细雕刻。其用于制作年份较晚，多在晚清后出现。花梨紫檀可细分为越柬紫檀、刺猬紫檀、大果紫檀等。

紫檀名片

中文学名：紫檀。

别　　名：檀香紫檀、茜草叶紫檀。

常见种类：小叶紫檀、大叶紫檀、花梨紫檀。

分布区域：印度坦米尔纳德邦及安得拉邦交界的古德伯及契托尔。

鉴别特征：生长不明显，心材新切面橘红色，久则转为深紫或黑紫，常带浅色和紫黑条纹；棕眼细而密，犹如牛毛，称牛毛纹，日久会产生角质光泽，有些角度观察紫檀，会有缎子一样亮泽的反光。紫檀密度大，超过与之类似的红木，入水即沉；香气无或很微弱；紫檀木性稳定，不裂不翘，易于雕刻。

△ 紫檀手串

三 菩提类手串

我们平时所说的“菩提子”并非是菩提树所结的果实，而是指天然的草本植物和木本植物所结的种子、坚果、果实的硬核或根茎的节瘤。

市面上常见的还有菩提根手串，菩提根不是树根，而是贝叶棕的树籽，表面看就是一个种子，不起眼而且粗糙，剖开就是巧克力色花纹的皮，最里面的是白色，经过长时间的盘玩会变成黄褐色，目前市面上也有红黄紫之类的菩提根出售，那只不过是染色后的结果。

菩提子手串因其源于植物的种子、果实等，有其独有的特征，这些特征饶有趣味。

1 | 草本菩提子

这类菩提子比较常见，我们熟知的星月菩提、金刚菩提等都属于此类，一般泛指荆棘植物所结籽，因其更容易引种、生长和采集，从古印度开始逐渐取代了木本菩提。

• 单色菩提

白菩提子、黑菩提子、黄菩子、蓝菩提子、褐色菩提子等。

• 花斑菩提

星月菩提子、星光菩提子、冰花菩提子、凤眼菩提子、龙眼菩提子、麒麟眼菩提子、那伽菩提子、如意菩提子、如意花斑菩提子、花皮菩提子、花斑菩提子等。

- **异形菩提**

天竺菩提子、天台菩提子、莲花菩提子、蘑菇莲花菩提子、莲花宝塔菩提子等。

- **工艺菩提**

雕花菩提子、菩提根珠等。

2 | 异名菩提子

由于菩提本身所代表的吉祥祝福寓意，使得其声名远播，一些菩提的变异品种也涌进了菩提子行列中，它们被冠以菩提之名并被广泛纳用。此外还有一些“圣果”“奇果”也陆续被归入菩提子行列中。

- **以形象冠名**

密瓜菩提、蜗牛菩提、宝莲灯菩提、枣核菩提、元宝菩提、蝉蜕菩提、海龙果菩提、算珠菩提、花竹菩提、巴豆香珠菩提等。

- **以色斑冠名**

大金丝菩提、小金丝菩提、大银丝菩提、小银丝菩提、五线菩提、铁线菩提等。

- **以其他冠名**

天异菩提、扁大蒲菩提、扁金丝菩提、大理菩提、天河子菩提、龙珠菩提、沙藤菩提、香珠菩提、草菩提等。

3 | “奇果”菩提子

- **梵名菩提**

陀罗尼子、阿修罗子、摩尼子、帝释子、陀罗尼子等。

- **寓意菩提**

五眼六通、通天眼、天意子等。

△ 星月菩提手串

- **象形菩提**

太阳子、月亮子、金蟾子、银蟾子、木鱼果等。

- **果实菩提**

木患子、金莲子、铁莲子、金樱子、缅茄等。

4 | 常见的菩提子

我们只要记住每种菩提子的特征，就能很好地识别它们。下面我们重点来讲一下那些广为人知、市场常见的菩提子，希望可以给大家认识、购买菩提类手串提供帮助。

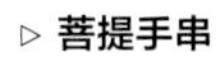

▷ 菩提手串

• 星月菩提

因其表面布有均匀的黑点，中间有一个凹的圆圈，状如繁星托月，成周天星斗、众星捧月之势，由此得名星月菩提子。星月菩提和凤眼菩提、金刚子菩提、麒麟眼菩提一起被称为菩提“四大名珠”。

如今的“星月菩提”源于一种较稀有的植物黄藤，其种子形态为不规则的球形，质地坚硬，经细心打磨，雕刻形态，去掉外皮的厚重颜色，渐露出种子内部的浅黄白色，并有深色花纹，略似星月漫天之状。

△ 星月菩提手串

• 凤眼菩提

凤眼菩提因芽眼如目，故称“凤眼菩提”。凤眼菩提手串是藏传佛教极为推崇的手串品类之一，在藏传佛教中，菩提子手串即指凤眼菩提手串。

△ 凤眼菩提手串

金刚菩提手串

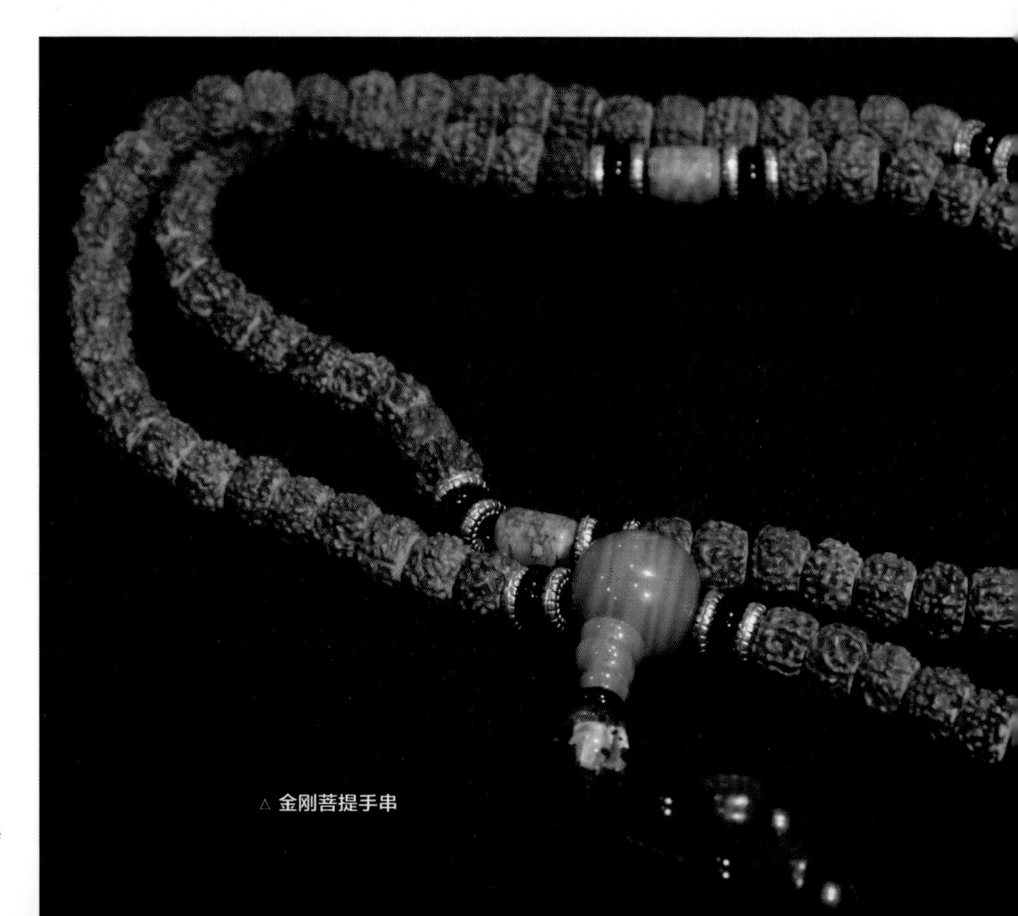

△ 金刚菩提手串

△ 麒麟眼菩提手串

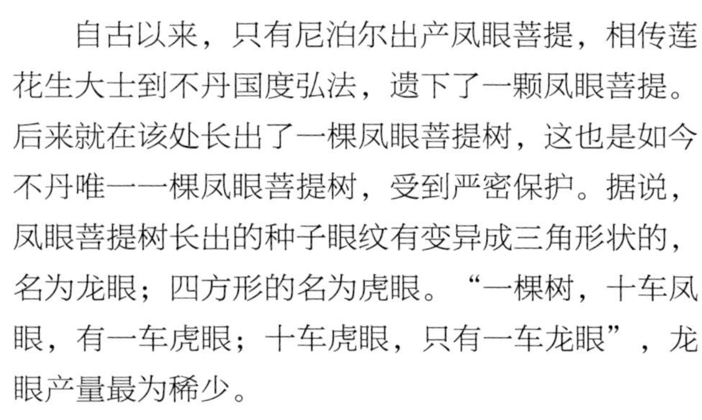

自古以来，只有尼泊尔出产凤眼菩提，相传莲花生大士到不丹国度弘法，遗下了一颗凤眼菩提。后来就在该处长出了一棵凤眼菩提树，这也是如今不丹唯一一棵凤眼菩提树，受到严密保护。据说，凤眼菩提树长出的种子眼纹有变异成三角形状的，名为龙眼；四方形的名为虎眼。“一棵树，十车凤眼，有一车虎眼；十车虎眼，只有一车龙眼”，龙眼产量最为稀少。

- **金刚菩提**

金刚菩提是金刚树所结籽，也有说是菩提树所结籽，产于印度释迦佛成佛的地区。其籽特别大，也很坚韧，得名“金刚菩提子”。

- **麒麟眼菩提**

麒麟眼菩提，形状特殊，每一粒上有一方形眼，整个菩提子呈扁圆形，如鼓鼓的柿饼，加上中间的方眼，如同一枚枚铜钱，类似麒麟眼而得名。其原籽看上去像一枚枚铜钱，经过打磨后，一般呈现出白色边框，中间呈现水滴状或者类似方块状的棕色部分。按棕色部位的不同，麒麟眼菩提又分为正眼麒麟眼和错眼麒麟眼。正眼就是打磨后棕色部分在整个珠子的正中央；错眼有些偏，甚至偏到纹理的一边。

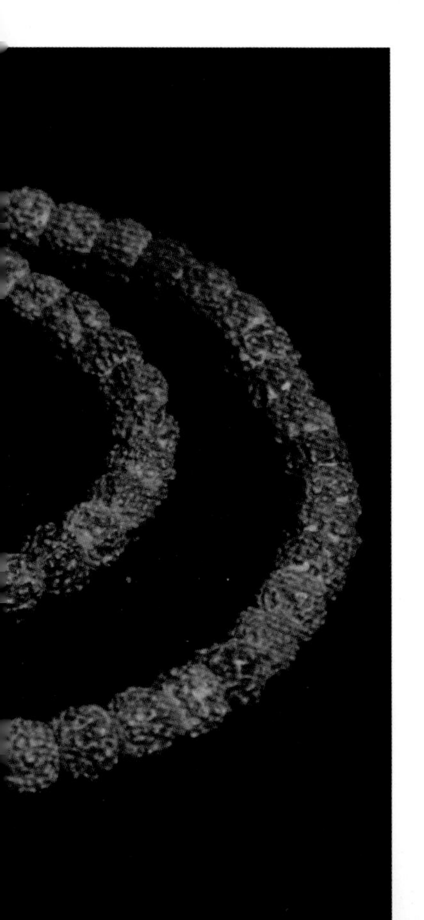

- **摩尼子**

摩尼，原意为“珠宝”，摩尼子，可以称作“锡兰行李叶椰子”“贝多”等，是棕榈科，属常绿大乔木，原产在亚热带，例如印度和斯里兰卡等地。摩尼子原本为褐色、坚硬的果实，表面有不少纹路。

△ 凤眼菩提手串

△ 凤眼菩提手串（局部）

四 果实（核）类手串

以果实（核）做手串用以祈求平安，在手串中占有很大比例。材质包括橄榄核、蟠桃核、桃核、莲子、椰蒂等。果核类手串的雕刻特点一般是随形就势，造型生动逼真，能满足不同人群的特定需求。这其中以桃核、橄榄核为果核类的代表，以椰壳（蒂）为果实类的代表。蟠桃果核形状扁圆，表面上有许多凹凸不规则纹理，不需任何雕刻，别有趣味。

橄榄是一种常绿乔木，果实长圆而两头尖，味苦涩而甘。橄榄核坚硬如石，是制作手串的极佳材料。

椰是一种生长在热带地区的常绿乔木。果实叫椰子，常用来制作手串。用椰子蒂制成的手串，独具特色，冬天不冷手，夏天不畏汗。有人给它起了一个很有意思的名字“满贯”。用椰壳（蒂）制作手串在清初已很普遍，有数百年的历史了。清代袁枚《随园诗话》中曾说：“近来习尚，丈夫多臂缠金镯，手弄椰珠……”

▷ 橄榄核雕双面十八罗汉手串

五
天珠手串

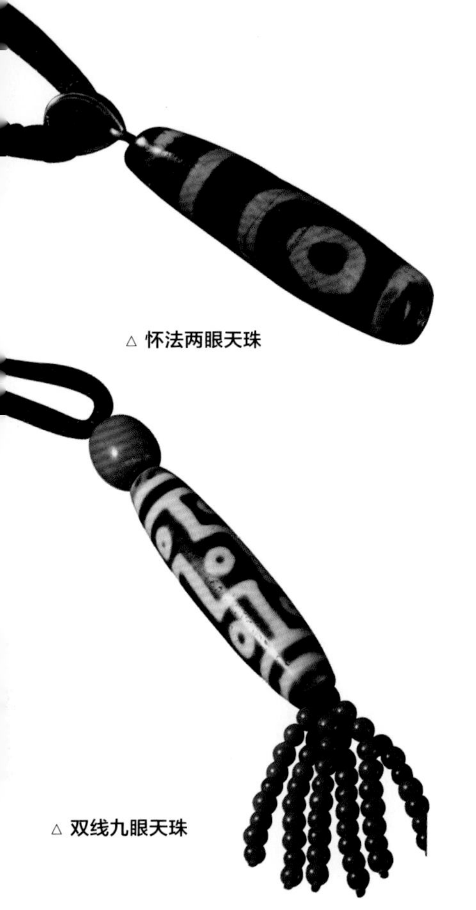
△ 怀法两眼天珠

△ 双线九眼天珠

天珠，意即美好、财富、威德，为藏密七宝之一。据《新唐书》记载："吐蕃妇人辫发，戴瑟瑟珠，云珠之好者，一珠易一良马。"天珠的主要产地在中国西藏，源自喜马拉雅山的九眼石页岩。这种薄页片状岩石主要是由黏土固结而成的，含有玛瑙及玉质成分，是一种稀有的半宝石，是藏族人随身携带的不可或缺的宝物。天珠摩氏硬度为8.5，仅次于摩氏硬度为10的南非钻石。在目前的古玩市场上，产量极少的天珠成了最昂贵的珠子，而且在拍卖会上屡创天价。一颗好一点的老天珠的价格高达8万~10万元。稀有的、品相好的天珠要价极高。

▷ 千年至纯达洛天珠与南红手串

△ 天地天珠手串

△ 小三眼天珠手串

◁ 乐师珠手串

第三章

手串的辨伪要素

一 宝玉石类手串的鉴别

随着手串市场的迅速升温，加上“金贵”材质手串的稀缺，一串手串动辄上万元，红火的市场自然会吸引一些鱼目混珠之辈。近年来高价购买手串却买到假货的消息频见于网络及新闻报道之中。

1 | 看清水晶手串的“真面目”

随着生产技术的日益成熟和生产成本的逐渐降低，一些经销商常采用“水热法”合成水晶，现在流入市场的高质量的合成水晶越来越多，品质越来越接近天然水晶，但是在价值方面，合成水晶和天然水晶有着天壤之别。如何鉴别两者成了人们购买水晶手串的最关键问题。

△ 南红青金水晶手串

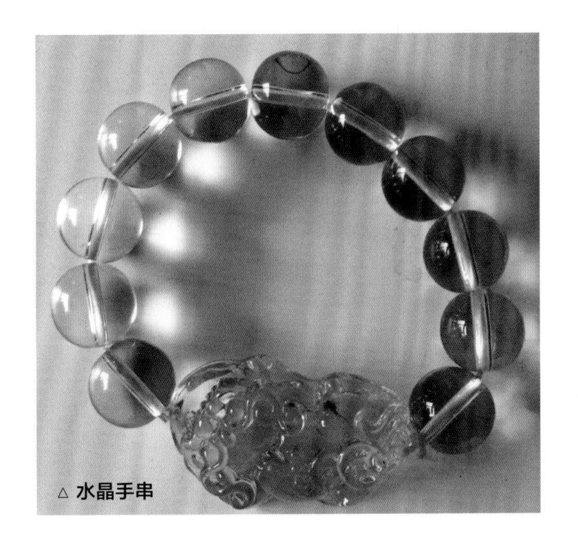
△ 水晶手串

△ 水晶手串

从外表看，通常合成水晶的色调非常不均匀，不同于天然水晶颜色变化深浅不同的特征。然而，色调的区别无法成为鉴别天然水晶和合成水晶的唯一依据，还需要继续鉴定其色带、包裹体等内部特征，才可以确保鉴定结果准确无误。

天然水晶的颜色呈平直的片状分布，而合成水晶的颜色分布不均且较少。

△ 琥珀手串

2 | 辨别“琥珀手串”的窍门

琥珀的天然赝品有两种。一种是“脂状琥珀”，其硬度、密度比天然琥珀低。另一种是珂巴树脂，其年代新，挥发性成分含量较高，对溶剂的侵蚀较敏感，可以据此来做鉴别。

琥珀的人工赝品又有两种情况，一种是半真的，另一种是完全仿造的。半真者最常见的是用来冒充虫珀，通常用真琥珀为顶，用珂巴树脂为底，中间夹有人工置放的昆虫，然后在一定温度下将其压结在一起。此外还有“压塑琥珀”的半真品。

完全人造的仿制琥珀大致分为两种。一种是由各类塑料，如酚醛树脂（电木）、氨基塑料、有机玻璃、硝酸纤维素塑料、安全硝酸纤维素塑料、聚苯乙烯、酪朊塑料等制成的仿造琥珀。这些仿造琥珀的共同特点是密度较高（大于1.18，聚苯乙烯例外，只有1.05），气味不同（可略加热，但得当心，它们大多是易燃的，尤其硝酸纤维素塑料极易燃）。另一种常见的仿造琥珀是用玻璃仿造的，其鉴别更加容易，其高硬度是琥珀不可能出现的。

△ 琥珀手串（局部）

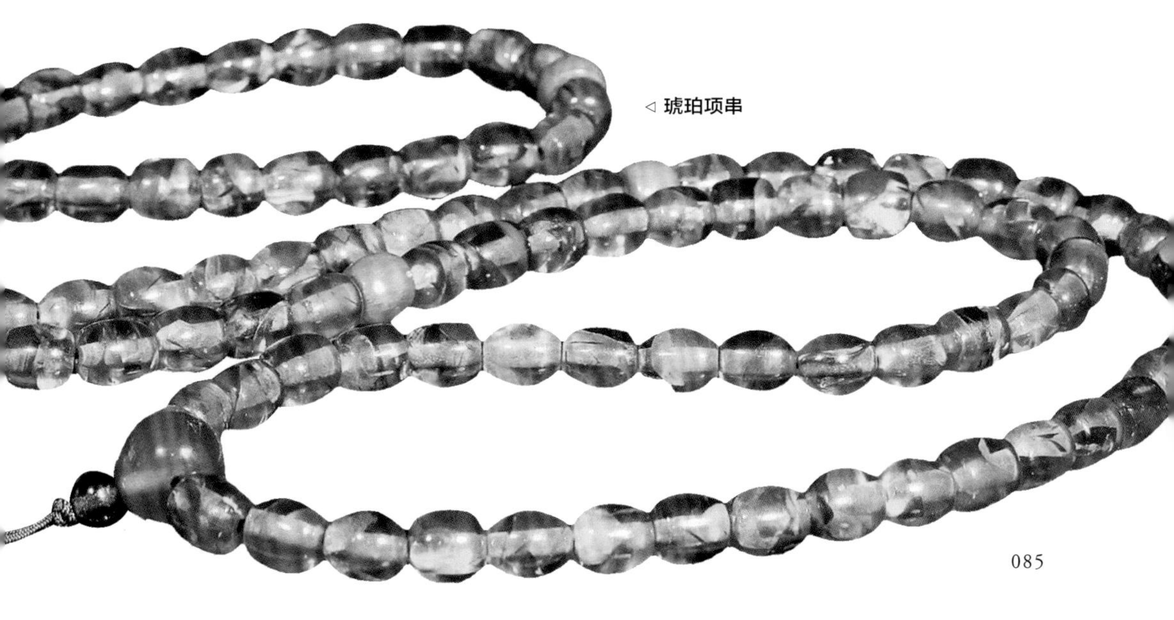

◁ 琥珀项串

3 | 谁爱“模仿”青金石手串

通常，被用于“模仿”青金石手串的石材有方钠石、染色大理石、合成青金石和染色青金石。

• 方钠石

与青金石相比，方钠石质地细腻度不够，颜色不太均匀，尽管也带有白色的条带，却少了黄色的星点。

△ 青金石手串

- **染色大理石**

应该这样区别染色大理石和青金石：用小刀刻之，稍微用力就会刻出痕迹的则为染色大理石，而青金石则不会出现明显的痕迹。将其分别置于偏光镜仪器下，此时，染色大理石是明亮的，而青金石的颜色则呈黑色。

- **合成青金石**

合成青金石的特征：细粒晶体结构中缺少青金石所具有的粗颗粒，裂隙的数量过多。放置于水中，重量会明显增大。此外，透明度也不好。

- **染色青金石**

染色青金石的区别“法宝”：如果采取丙酮进行擦洗，可以洗出蓝色的痕迹。

△ **青金石手串**

4 | 三招轻松搞定砗磲手串

砗磲与珍珠一样具有层状构造，外壳明亮而又光洁。砗磲有白色、牙白色与棕黄色相间两大品种。另外，砗磲的表面纹理细密，据此可以判断砗磲在深海中的生长时间。而人工仿造的砗磲颜色发白，并且无任何光泽。事实上是用加工真砗磲的废料粉末机器加工而成。砗磲非常容易碎掉，断面有纹路，可以据此对砗磲手串进行鉴别，我们总结了三招鉴定砗磲手串。

- **破坏性实验**

通过实施破坏性实验击破砗磲手串，如果是真的砗磲手串，就一定会有贝壳断面。

- **肉眼检视法**

只要是真正的砗磲，那么它们的外表一定会有如沟渠与车轮构成的图案。所以说，要鉴定真假砗磲时，像这样的重要特征就成为一项主要指标。另外，只要是天然宝石，就绝对不会存在两个完全相同的个体，若两颗砗磲珠有着一模一样的纹路，则可肯定其不是天然形成的，很有可能是人为地用贝壳磨成粉后压制而成的。然而，优质的砗磲质同白瓷，尽管无任何纹路，但会有天然的印记。

◁ 砗磲手串

• 用手掂重法

我们除了仔细观察砗磲纹路是不是属天然类型以外，还可以尝试着去掂一下。通常情况下，天然砗磲具有一定分量。如果将手串掂在手里，感觉相当轻，就极有可能是塑料制品。

5 | 六招辨别和田玉手串

和田玉优劣的鉴别，可以从形、色、质地、绺裂、杂质、分布的均匀性等方面分别进行。

• 形

就玉料的一般规律而言，从玉料的形状上看，籽料品质最优，山流水料略低于籽料，山料品质又低于山流水料，但还要结合其他因素。玉料形状的鉴别主要是看外表的质地，如玉料凹洼处的质地和颜色，看其外表也可推敲出内部的构成，一般来说，外表与内部的质地和颜色相差不大。

• 色

和田玉以白、青、黄、墨、碧为主流颜色，其中以白色为最优，白色玉中以羊脂玉为优中之最。糖色和黑色是杂色，但不是脏色。

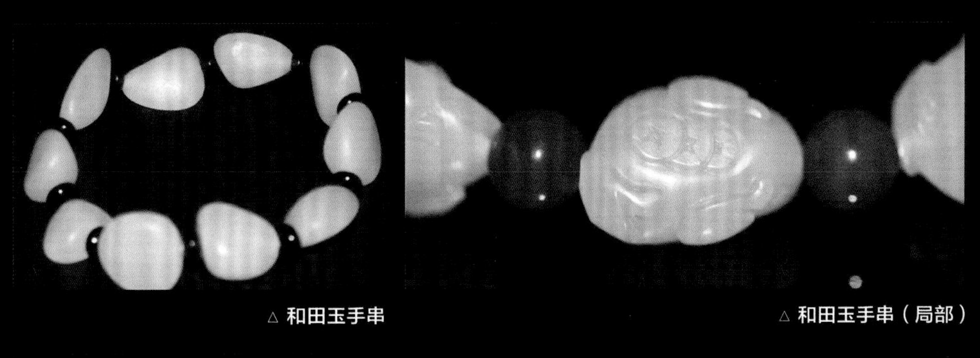

△ 和田玉手串

△ 和田玉手串（局部）

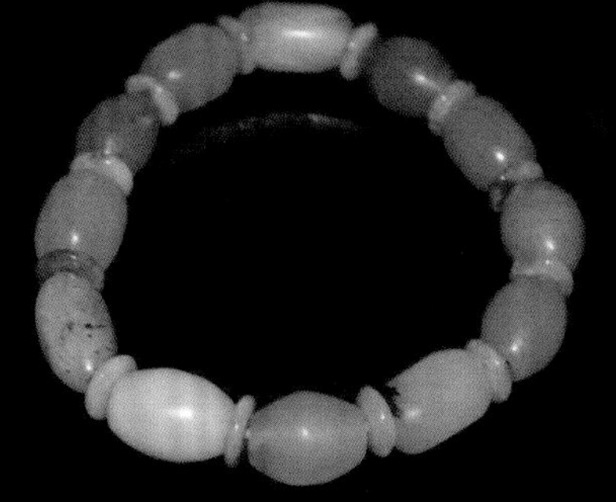

△ 和田玉手串

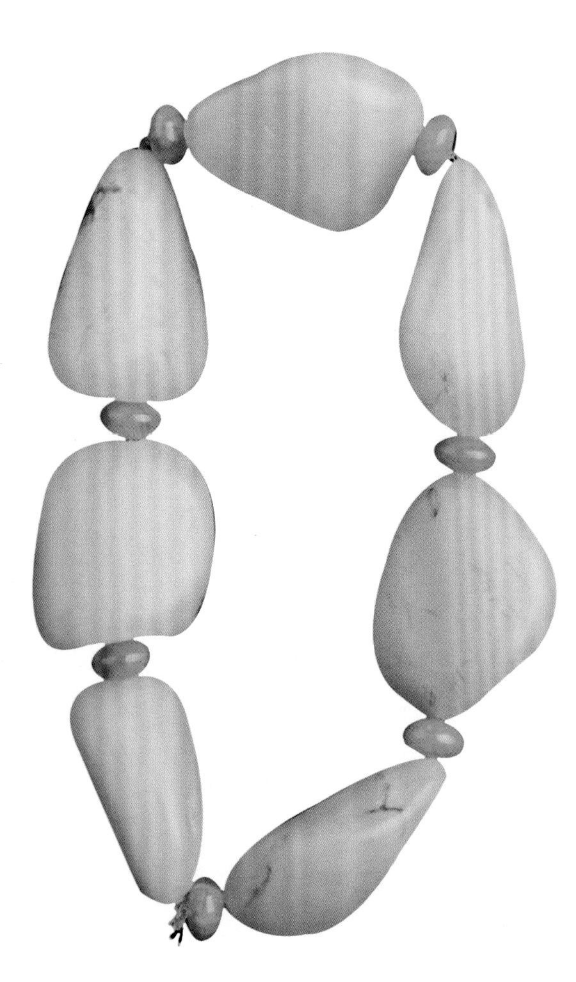

△ **白玉手串（和田原籽手串）**
7粒俏色和田籽玉，重92克

• 质地

业内人士习惯从“坑、形、皮、性”来判断玉料的质地。“坑”是指玉的产地，“形”是指玉的外形，“皮”是指玉的表面特征，“性”是指玉的节理构造。

坑、形、皮、性虽然是感观经验，但反映了人们认识玉的过程。玉的质感细腻、温润，这是它的通性，也是人们抚触玉时的第一感觉，是鉴别玉石的主要依据。

• 绺裂

玉的绺裂一般可分为死绺裂和活绺裂两大类。死绺裂是明显的绺裂，它包括碰头绺、抱洼绺、胎绺和碎绺。活绺裂是细小的绺裂，它包括指甲绺、火伤性绺、细牛毛性和星散鳞片性绺。对于明显的绺裂如同对瑕疵一样，尽量去掉，死绺好去，活绺难除。

• 杂质

玉的杂质主要是指石的特征，另外还表现在质地不均匀等方面。玉有死石和活石的区别。死石即表现在局部呈带状，活石是指玉上面界线不清的散点。

• 分布

在一块玉石中，往往有的部位质地好，有的部位质地差，这种现象被称为“玉有阴阳面”。实际上是玉在形成过程中围岩对它的影响。阴阳面在山料和山流水料中表现明显，籽玉料则不太明显。

6 “二看一听”搞定翡翠手串

• 看颜色

天然翡翠颜色自然，观察其颜色，一般以自然日光下所见的颜色为准，尤其是以中午的阳光来观察效果最佳。可以遵循四个要点，即“浓、阳、正、匀”。

• 看抛光面

天然翡翠的抛光面细腻、光滑，呈带油脂的强玻璃光泽，仔细观察通常可见到花斑一样的微透明至不透明的白色纤维状晶体，俗称“石花”。

△ 紫罗兰种翡翠手串

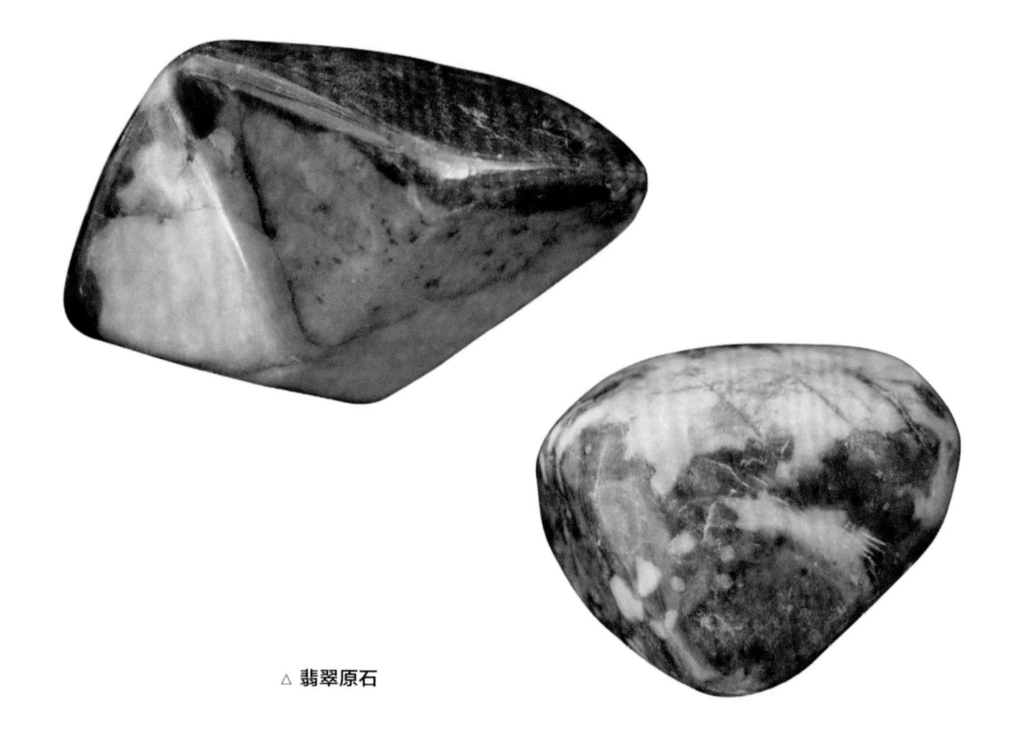
△ 翡翠原石

• 听声音

轻轻敲打天然翡翠，声音清脆悦耳，人工处理品则低沉闷哑。

此外，由于翡翠密度大，用手掂量时有下沉感，翡翠的托水性很强，在上面滴水，水珠突起较高。因此，在购买价格较高的玉石手串时，要选择正规、有知名度的首饰店或较大型、信誉好的商场，还要记得向商家索要珠宝玉石鉴定证书，这种证书是具有法律效力的，由具备第三方公正地位的鉴定机构开具。

7 | 辨别猫眼石手串有捷径

猫眼石迄今没有人工合成品，虽然自然界有多种也能产生猫眼现象的宝石，但眼线的清晰度和开合变化大多与猫眼石无法相比。猫眼石具有十分特别的褐黄色和蓝褐色，还有明亮的丝绢光泽和微细的纤维结构。这是其他任何一种玉石都不具备的特征。

△ 猫眼石手串（局部）

△ 猫眼石手串

8 | 攻破假碧玺手串的“堡垒”

目前，在收藏市场上，对于购买碧玺的买家而言，如果不具备专业的鉴别技巧，很难判断出碧玺的产地和真假。再加上碧玺的成分复杂，颜色多变。总有一些黑心商家人为加工。通常情况下，不法商家加工的方法有三种。

- **灌胶**

有一部分商家会选择在碧玺的原石中灌胶，这是为了增加碧玺的硬度以提高成品率，然而实际上用灌胶法加工出来的碧玺石看上去雾蒙蒙的。

- **着色**

一些商家采取特殊的颜料在碧玺石上涂抹，让碧玺的颜色鲜艳而又多变。

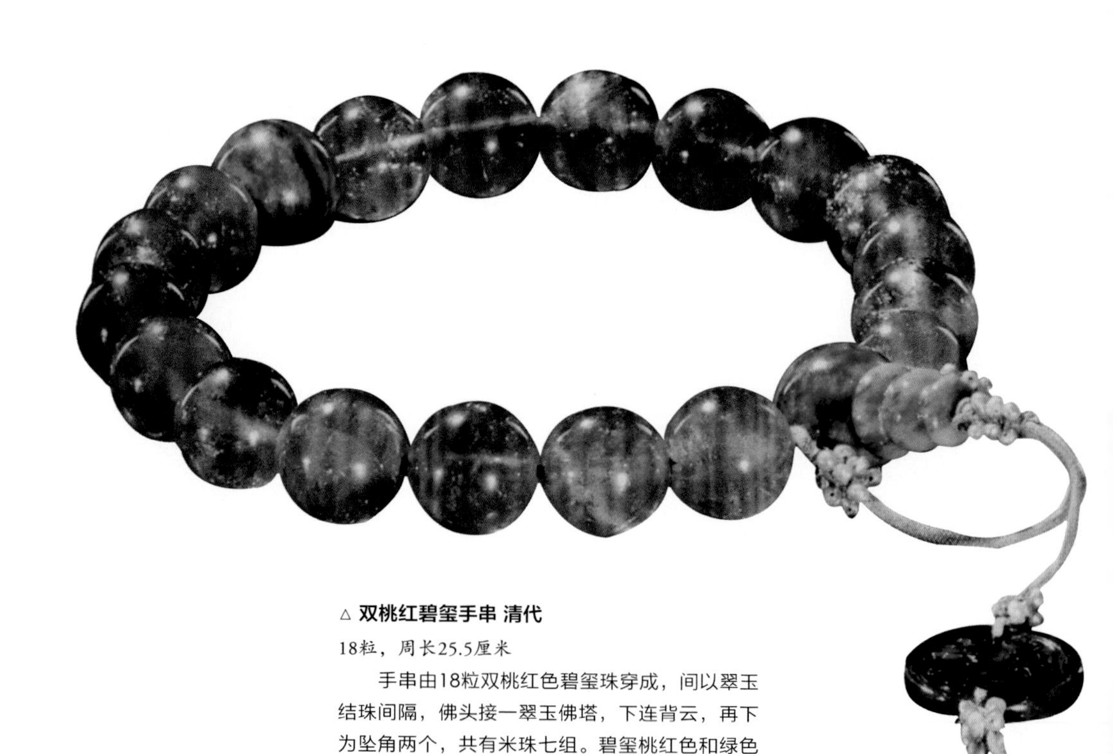

△ **双桃红碧玺手串 清代**

18粒，周长25.5厘米

手串由18粒双桃红色碧玺珠穿成，间以翠玉结珠间隔，佛头接一翠玉佛塔，下连背云，再下为坠角两个，共有米珠七组。碧玺桃红色和绿色相配，既炫目夺人，又温婉典雅。

◁ 碧玺手串

▷ 碧玺手串

- **加蜡**

为了让碧玺更完美，还有一部分商家会选择在碧玺石内加蜡作为填充剂，让碧玺中的纹路看起来更少甚至没有。

最主要的是，用以上三种不同的方法加工出来的碧玺石均为有辐射性的宝石。除了以上所述的这三种人为加工法，还有一部分商家采取萤石来顶替碧玺出售，萤石对人体的伤害更大。

在购买碧玺时，从外观上要看其纯净度、透明度和颜色。红色碧玺和蓝色碧玺较为名贵，而比较常见的是黄色、绿色碧玺。在选购碧玺项链和手链时，颜色越丰富越好。由于碧玺内部的裂隙和包裹体会对碧玺的颜色、透明度和火彩造成一定的影响，所以碧玺越透明、越晶莹剔透，碧玺的质量也就越好。

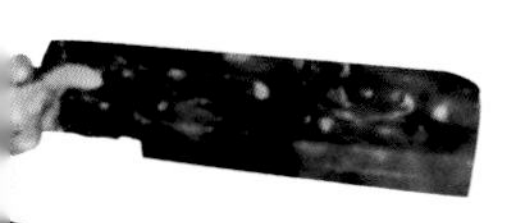

二 竹木类手串的鉴别

在现在的市场上，因为人们对不同种类的木质特性和纹理不够了解，所以存在“以次充好”的现象。举个例子，在此情况下，一些经销商把铁力木或者酸枝木、鸡翅木制作成手串，假冒紫檀。更过分的是，他们让椴木或香樟木经过浸泡香料的处理之后假冒檀香木手串出售。

在鉴定竹木类手串时，要观察其纹理和特性，若仔细对比斟酌，结果自然就出来了。通常，紫檀木呈犀牛角的颜色，年轮呈不规则的纹丝状，木质坚重，棕眼细而密。老紫檀木在经过水浸处理之后根本就不掉色，打上颜色一擦就能够褪掉，而新的紫檀木情况与老紫檀木正好是相反的。

△ 金丝楠木手串（局部）

1 | 巧辨金丝楠木手串

在众多木质手串中，金丝楠木手串是比较名贵的，仅次于小叶紫檀手串、黄花梨手串，其在日光或室内光的照射下就会金光闪闪、金丝浮现，给人一种圆润细腻、雅致脱俗的视觉效果，非常惹人喜爱。市面上常见几种冒充金丝楠木的树木是金丝柚（棕眼较粗，密度低，木纹不清晰，大多有酸臭味）、黄金樟（木质坚硬，不易磨损，颜色发白，味道比较刺鼻）、水楠（木质松疏，质量轻，密度低，带有酸臭味）。

△ **金丝楠木手串**

• **看木色**

金丝楠木手串新切面为黄褐色，间或带绿色，制成圆珠后，其木色依然为黄褐色，非常雅致。

• **辨金丝**

无论任何角度，金丝楠木手串都可以看到屡屡金丝闪动，金丝分布非常均匀，尤其置于日光下，有光彩夺目之象，金丝色泽金黄，光泽非常强。

• **闻香味**

金丝楠木手串有一种幽香，且香味不会因外放而散失，反而随时间流逝，香味散发更加明显。此外，在雨天香味也会非常明显。

• **查质地**

金丝楠木质地温润柔和，冬暖夏凉。

• **观材性**

金丝楠木可以防潮、防虫、抗腐蚀性强，且耐用不易变形，如果发现手串不防潮防虫，几乎可以认定是买到假冒手串。

2 | 闻味识沉香手串

沉香的香味是世界上公认为非常美妙的。作为低调奢侈品，沉香在顶端的消费人群中越来越受追捧。顶级沉香形成需上千年，而面世沉香越来越少。物以稀为贵，人们便趋之若鹜，导致沉香的供给几近枯竭。现在，几百万元人民币买一件沉香雕件已不足为奇。

如何辨别沉香手串，有以下几点。

首先，要看它的纹路（即油线）是否清晰，色泽是否雷同，因天然沉香不可能没有瑕疵，色泽不可能均衡雷同，油线分布不可能规则；而人造沉香油线分布规则含糊，颜色统一雷同，且绝大部分为黑色。

△ **沉香手串**

14粒，直径1.6厘米

◁ **达拉干沉香手串**

12粒，直径2.0厘米

△ **马来西亚沉香手串**

12粒，直径2.0厘米，重49克

◁ **天然沉水老奇楠手串**

13粒，直径1.6厘米，重41.5克

◁ **达拉干沉香随形手串**

直径约1.6厘米，重约19克

▷ **加雅布拉沉香竹节手串**

重约10.5克

◁ **达拉干沉香随形手串**

直径约1.2厘米，重约12.8克

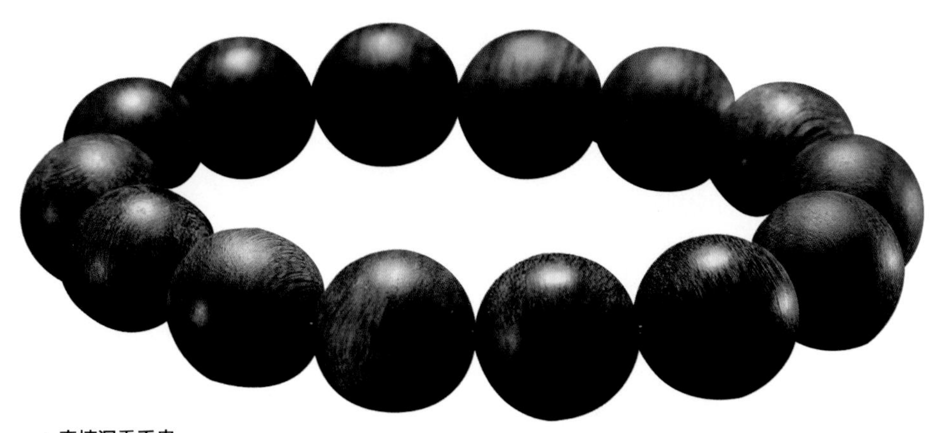

△ **奇楠沉香手串**
14粒，重约27.8克

其次，用手去揉擦沉香的表面，若是真的沉香，表面会带油黏感与冰凉感，而人造沉香是不具备的。再就是衡量其质量，看其含油量与实际质量是否成比例，含油越高质量越重，含油越少则质量越轻。

最后，天然沉香是大自然赋予的至真至纯的香，因产地不同香味或许会有所改变，但这种香味现代高科技是无法复制的，人造沉香绝大多数是用沉香汁或化学香精，以压、榨、灌、蒸等方法加工而成，所以它的味道并非自然清香而且刺鼻难闻。而天然沉香用鼻子闻其味，味醇香且持久。

3 | 黄花梨手串的“三看”

要正确辨别黄花梨手串的真假，需要看以下“三点”。

- **看颜色**

观察整体的颜色是否均匀，是挑选黄花梨手串的第一关键步骤。拿到手里以后，要转动所有的珠子进行仔细的观察，看所有珠子每一面的颜色是否全部均匀。

- **看花纹**

看黄花梨手串的花纹是否均匀，所有珠子的花纹是否一致。海黄的花纹有粗有细，纹路很清晰，以黑线花纹为主，纹路不乱，有流线，也有弯曲，还有直线。

△ **黄花梨手串**

◁ **黄花梨手串**

△ 黄花梨手串

△ 黄花梨手串

△ 黄花梨手串

• **看密度和手感**

用手掂量黄花梨手串，看有没有分量，真正的黄花梨的成品不轻飘，手感温润如玉，不会有戳阻手的感觉。

△ 黄花梨手串

如果以上还不能鉴定，还有一招，就是看焚烧过后的灰烬。用火烧黄花梨的木屑，出来的黑烟会直行上天，灰烬为白色，燃烧时香味比较淡，和没燃烧时一样。

最后说一下海南黄花梨是否沉水，海南黄花梨的密度为0.82 ~ 0.94，仅有少数重的料或成品入水即沉，多数会有点浮出水面，所以沉水与否不能作为辨别黄花梨真假的依据，“不沉水就不是好料”这样理解也是错误的。

4 | “旁敲侧击”紫檀手串

我们在辨别紫檀手串时，该如何有效地“旁敲侧击”呢？

△ 紫檀手串

△ 紫檀手串

• **看**

通过“看”来鉴别紫檀木的颜色和纹理。具体方法是，准备不同纹理的两三块真正的紫檀木样板来对照，仔细看一下待验木材的颜色和纹理特征，看看和真的有何不同。对于颜色鉴别就比较简单了，只要用酒精棉球轻轻一擦木头的表面就可以了。若棉球的颜色呈紫红色，即为真紫檀木；若颜色有异，则须谨慎。

• **泡**

通过“泡”来鉴别紫檀木是否存在掉色现象。具体方法是，紫檀木泡水后可以浸出紫红色的颜色来，最主要的特征是上面还有荧光。酒精用紫檀木屑泡过后能够用来染布，并且永远都不会掉色。

• **闻**

通过“闻”来鉴别紫檀木的气味。具体方法是，用刀或别的东西刮一下木茬，然后闻一下木屑散发出的气味，“檀香紫檀”所散发出的香味是淡淡的微香，若没有香味或过浓则须谨慎。

• **掂**

通过“掂”的方法来鉴别紫檀木的质量。掂量一下紫檀木手串，一方面是在掂的时候注意一下手感，另一方面要通过“掂”来看紫檀木密度是否达标，这一点需要借助比重计来测量并完成。紫檀木的密度为1 ~ 1.03，若低于此数，则须谨慎。

• **敲**

通过“敲”的方法来鉴别紫檀木的声音。真正的紫檀木的敲击声丝毫没有杂音，悦耳清脆。若听到其他声音，则须谨慎。

三 菩提类手串的鉴别

一般来讲，菩提类手串因为多是由各种植物果实或核类制成，所以不易被仿制，只要记住那些种类繁多的名目和特殊性，稍加留意，便可知晓。星月菩提是诸多菩提手串中最为常见的一种，需求量很大。仿制的星月菩提采用树脂类塑料，加入颜料和添加剂（产生孔洞来代替星眼、月眼）。但是仿制品和真正的星月菩提是有着本质区别的，我们可以通过以下方法鉴别它们。

- **细心观察**

看星月菩提类手串的每粒珠子的纹理和颜色是不是正常，这是由于星月菩提系自然生长的一种藤本植物的果实，有三种颜色即金线、银线、铁线，大部分颜色为暗色，并非十分光亮，而仿制品是塑料的属性，在颜色上偏亮，拿在手中感觉较轻。

- **亲水性判断法**

星月菩提是木本，具有很好的亲水性，而仿制品是塑料，显然无法“吃”水，这样一来，将其放在水中结果就明了了。

- **火烧法**

仿制品燃烧的时候会发出异味，燃烧后呈坚硬的团状物，而天然的星月菩提在燃烧之后会呈现出炭状。

△ 五线金丝菩提手串

四 果实（核）类手串的鉴别

果实（核）类手串和菩提类手串一样，由于材质各具特征，具有一定的可辨性，不易被仿制，一般不存在仿造问题，但是却存在作旧现象，即将新近雕刻出的产品，通过油质浸泡、加温和熏蒸，使其看上去像是具有一定年份的旧货，以提升价值。

我们可以通过仔细观察一些特征来鉴别是否存在作旧。如看果实（核）类手串油色是不是很自然。真正的旧货油色由内而外，无黏性，且具有很强的光泽；而经过作旧处理过的手串，由于在油中被浸泡过，其油色就会发暗，由外而内，这样时间稍微一长，便在外面结出一层油膜，摸上去很黏。若用鼻子仔细一闻，就会闻出油类存放太长时间产生的一种怪味道。

需要注意的是，一些果实（核）类手串可能是用机器雕刻而成，雕工粗劣，和精雕的手串根本无法比拟。另外，凡是看上去字体十分僵硬、如同印刷体的，就一定是机器雕刻或机器印制上去的。平时多去看看手串精品，多去比较和观察，鉴别起来自然轻车熟路。

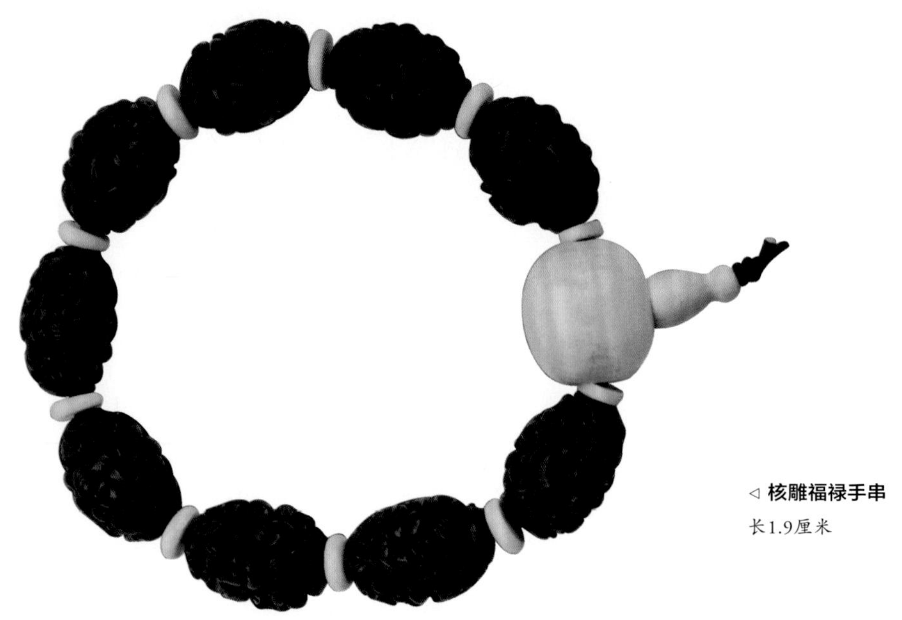

◁ **核雕福禄手串**

长1.9厘米

五 用好仪器工具

在前面介绍了一些肉眼可见的、凭经验和感觉鉴别手串的方法，但是这些都是比较传统粗略的鉴别方式。如果需要精确的鉴定结果，就要进一步借助专业检测设备和仪器了。

1 | 手电筒

鉴别手串，可让手电筒来帮忙，不过手电筒需要同时具备以下重要特征。

- **体积要小**

体积要小，方便携带。拿着大手电筒去鉴赏手串，会让人觉得滑稽。

- **聚光要好**

手电筒必须聚光好，亮度高，具有很强的光线穿透力。手电筒的光线越聚集，观察的效果就会越好。

- **头是平的**

手电筒应是平头的。时下有不少手电筒的头部尖，这样易划伤手串。

- **LED**

应选LED手电筒，因为LED手电筒大多体积小，同时亮度也非常高。

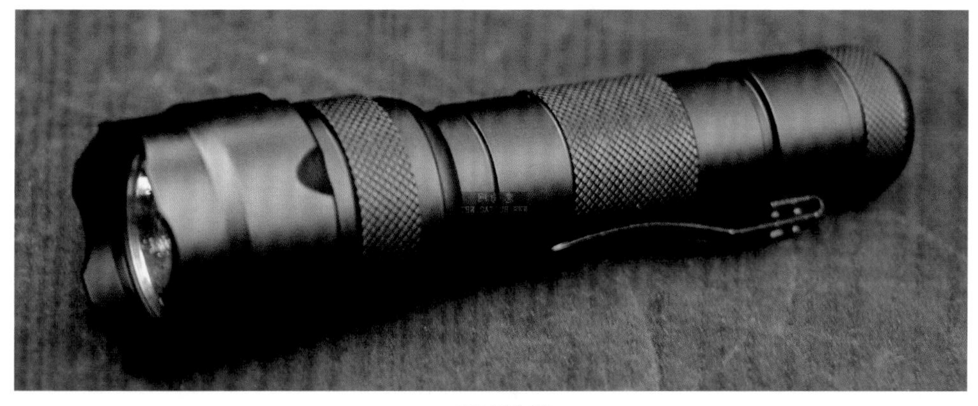

△ LED手电筒

2 | 放大镜

在淘“宝”过程中，一般我们会相信自己的第一感觉，但有时“高超”的作伪手法必须通过放大镜来看个究竟。下面就举两个典型的例子。

△ 放大镜

• **辨别金星**

通过放大镜对紫檀木上的金星进行辨别。紫檀“有无金星”，其价格会十分悬殊。因此在不少手串、笔筒等手把件上，商家均愿意以金星来提高手把件的“身价”。借助放大镜，主要是观察金星细节。假的金星附着于木质棕眼的表面，而真的金星则与木质相结合。

• **观测棕眼**

通过放大镜观测各种木头的棕眼。应该说，辨别木头的有效手段之一便是观察木头的棕眼，如有些紫檀木具有十分细腻的棕眼。造假者一般情况下则用十分粗糙的其他种类的木头去替代紫檀木，且在棕眼上“下功夫”。此时，放大镜就可以派上用场了，通过它来观察棕眼中的结构，可对其真伪进行分析，粗糙的为假货，细腻的则为真货。

3 | 其他专业仪器

• **折射仪**

折射仪能无损、快速、准确地读出待测宝石的折射率。这对宝玉石类手串鉴定尤其实用，因为每种宝石都有其对应的折射率，比如翡翠的折射率为1.66，红宝石和蓝宝石的折射率为1.762～1.770，海蓝宝石的折射率为1.577～1.583，碧玺的折射率为1.624～1.644。通过准确地检测出宝石折射率，就可以大体确定待测宝石种类，然后再结合其他的鉴定手段确定宝石种属。

△ 折射仪

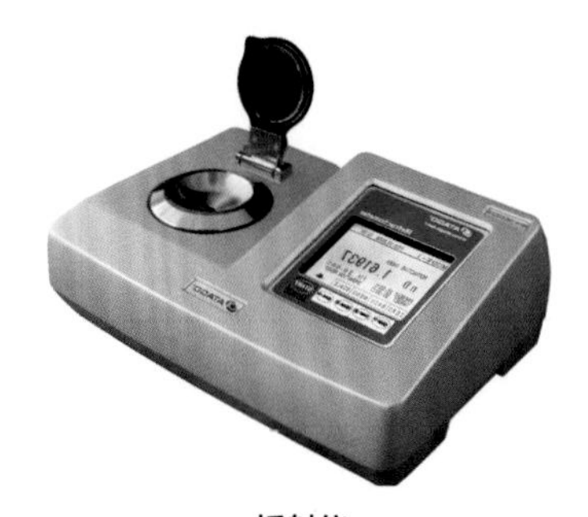
△ 折射仪

• 显微镜

显微镜用途广泛，可以放大观察手串表面和内部特征，如宝石显微镜可以通过内置光源放大10～70倍，这对区分天然宝石、人工合成宝石及仿制宝石有很大帮助，对观察宝石的净度也很有效。但是需要说明的是其价格较高，对于我们一般手串爱好者来说，如有需要，可以去专业的鉴定机构。

• 偏光仪

偏光仪对均质体、非均质体和集合体的鉴别具有重要的作用。比如石榴石是均质体，在偏光镜下转动应该是视阈全暗；红宝石是非均质体，在偏光镜下转动应该是四明四暗现象；而玉石是多晶集合体，在偏光镜下转动则视阈全亮。

• 紫外荧光灯

紫外荧光灯的功能可以用来检测手串是否具有荧光和磷光，如天然红宝石在紫外荧光灯下就显示很漂亮的红色；大部分钻石则呈现多种颜色的荧光，如橙色、黄色、绿色、蓝色和紫色等；而有些宝石却不具有荧光性，如蓝宝石、石榴石等，这些都可以在鉴定时起到一定的启示作用。紫外灯还可以帮助鉴定宝石品种、区分天然宝石和合成宝石，以及判断某些天然宝石的产地。

• 电子秤

用来检测手串的密度，不同材质的手串其密度不同，比如红宝石和蓝宝石的密度为4左右，翡翠的密度为3.34，软玉的密度为2.95，紫檀的密度大于1。

△ 显微镜　　△ 电子秤

第四章

手串的行情分析

△ **蜜蜡手串**
重约11克

△ **小两眼天珠配蜜蜡隔珠手串**
每粒约为1.2～1.7厘米

1 | 收藏价值前途无量的大漠石

大漠石，还有一个名字叫“戈壁石”，是在我国西北部戈壁地区和沙漠地区发现的多质地石种，因地域而得名。那么，什么叫作“多质地”呢？由于大漠石中囊括了大约十种质地不一样的石种，比如玉髓、碧玉和玛瑙等。这些石种在漫长的岁月中经地壳运动被移至地表，然后又经过很多年戈壁风沙的剥蚀和磨砺，才最终成为了光洁圆滑、千姿百态、凝润饱满、独一无二的大漠石。

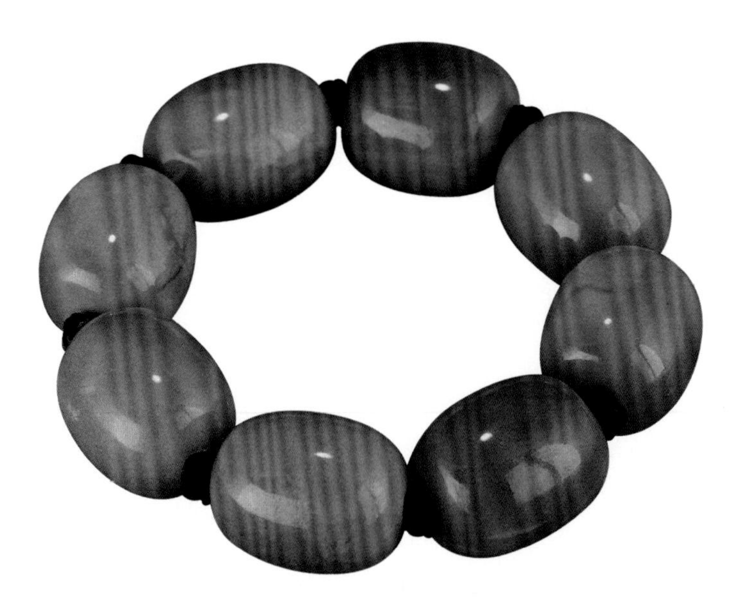

▷ **蜜蜡手串**
重约61.4克

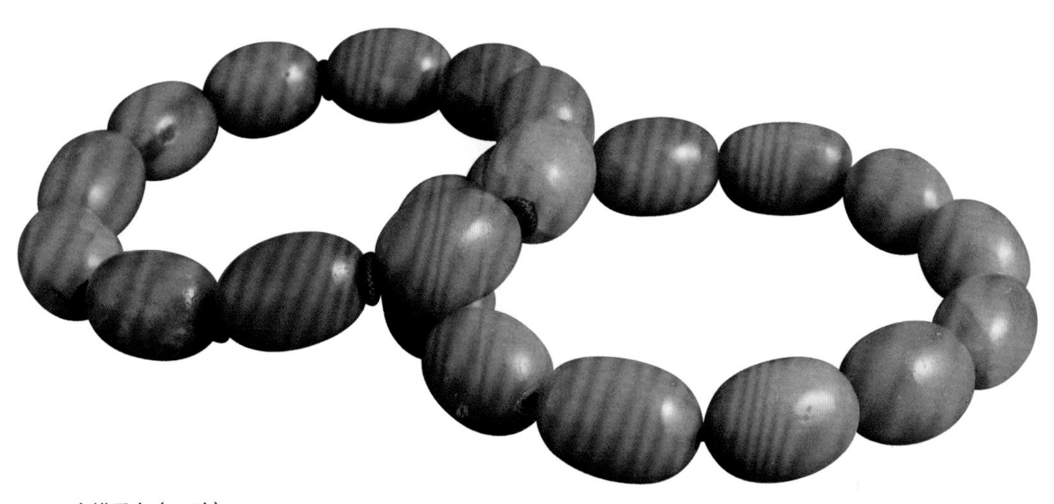

△ **蜜蜡手串（一对）**
重约17.2克、16克，每粒约为1.2～1.6厘米

在21世纪的初期，大漠石成为一些赏石爱好者收藏把玩的石头之一。当时它们大多是形态万千的观赏石。到了近期，一些收藏者把天然圆珠形卵石打孔后串成手串等进行佩戴。大漠石没有经过任何人工切磨的自然形状和独特的皮层结构，是其他宝石所不具备的。也不得不说，人们以大漠石制作而成的手串等所呈现的气质与风采根本不比名贵的宝石差。正因如此，大漠石的收藏价值才会前途无量。

2 | 节节攀升的蜜蜡

目前，蜜蜡手串的数量非常少，真正以老蜜蜡制作而成的手串出售价格十分昂贵，且手串珠径的尺寸越大，价格就越贵，也更有收藏价值。据报道近年来蜜蜡价格连翻三番，高端蜜蜡售价直逼钻石，老蜜蜡每克价格超过黄金。

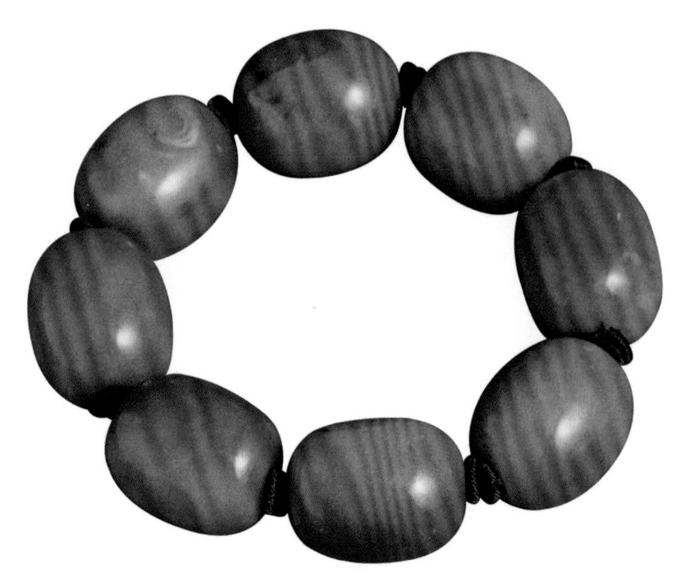

◁ **蜜蜡手串**

重约50.8克，每粒约为2.0～2.6厘米

▷ **两眼天珠配蜜蜡手串**

蜜蜡重约11克，天珠约为1.2～2.2厘米

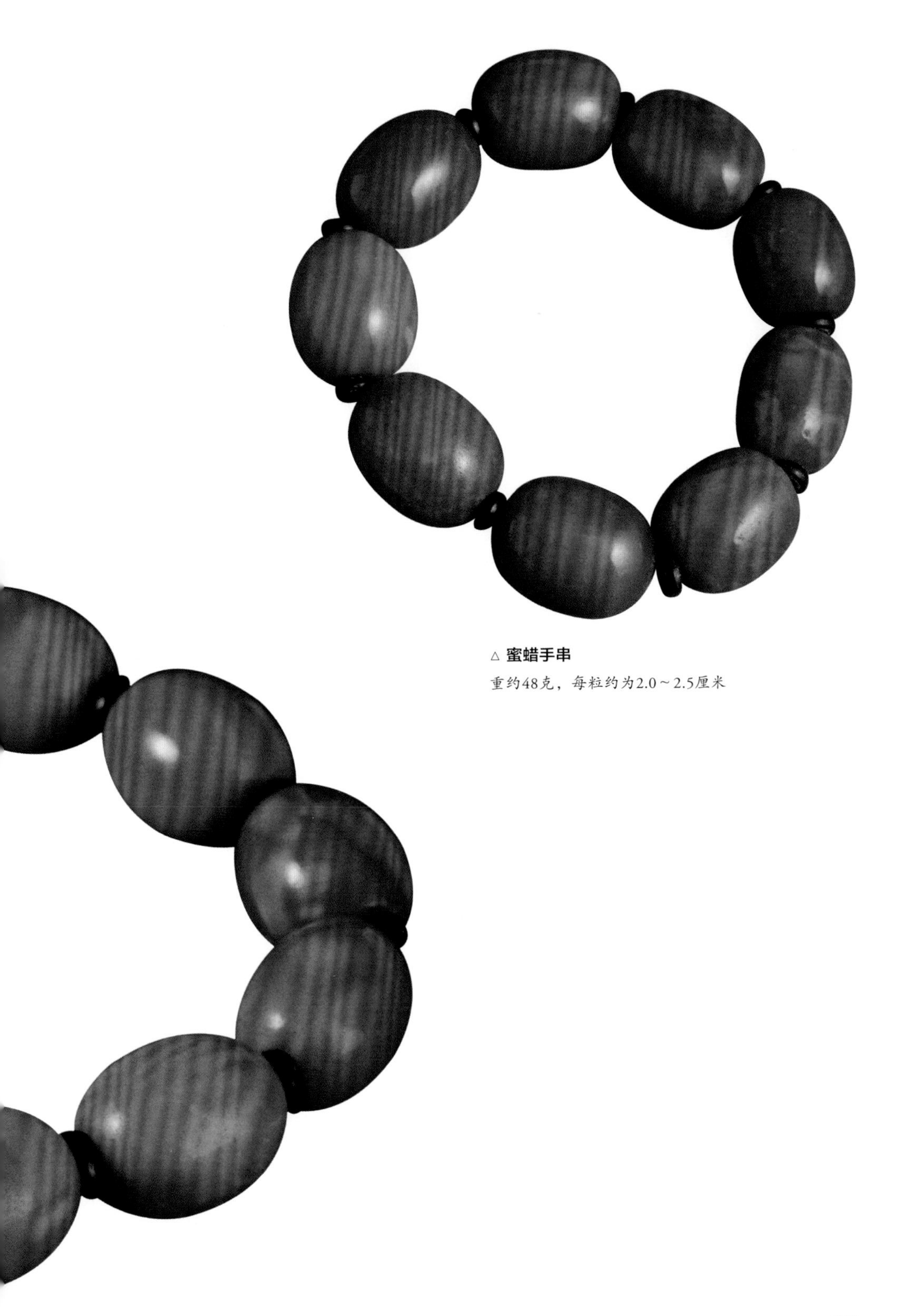

△ **蜜蜡手串**

重约48克，每粒约为2.0～2.5厘米

△ **蜜蜡手串**

重约47克

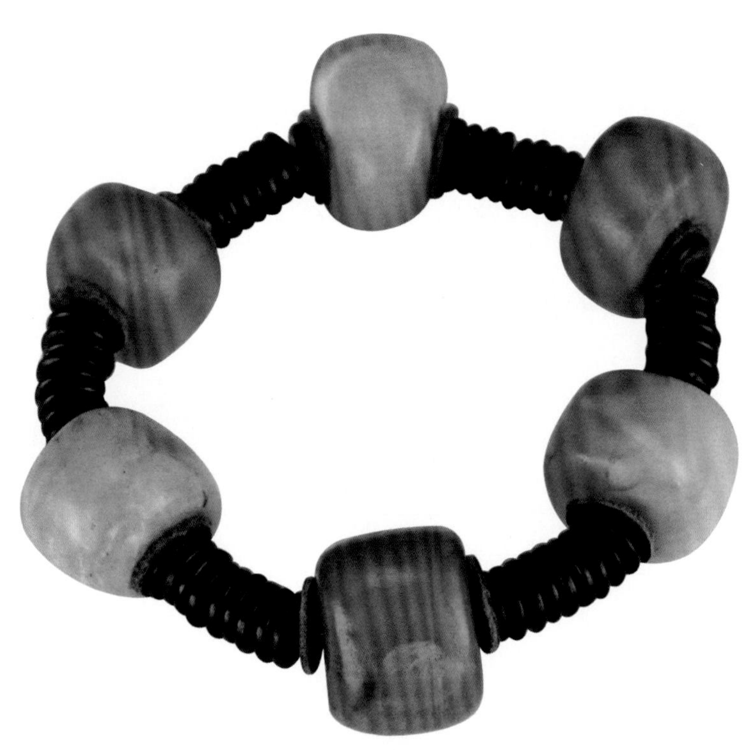

△ **蜜蜡手串**

重约54克

△ **蜜蜡手串**

重约12克

△ **蜜蜡手串（一对）**

重约19.2克、17克，每粒约为1.3～1.7厘米

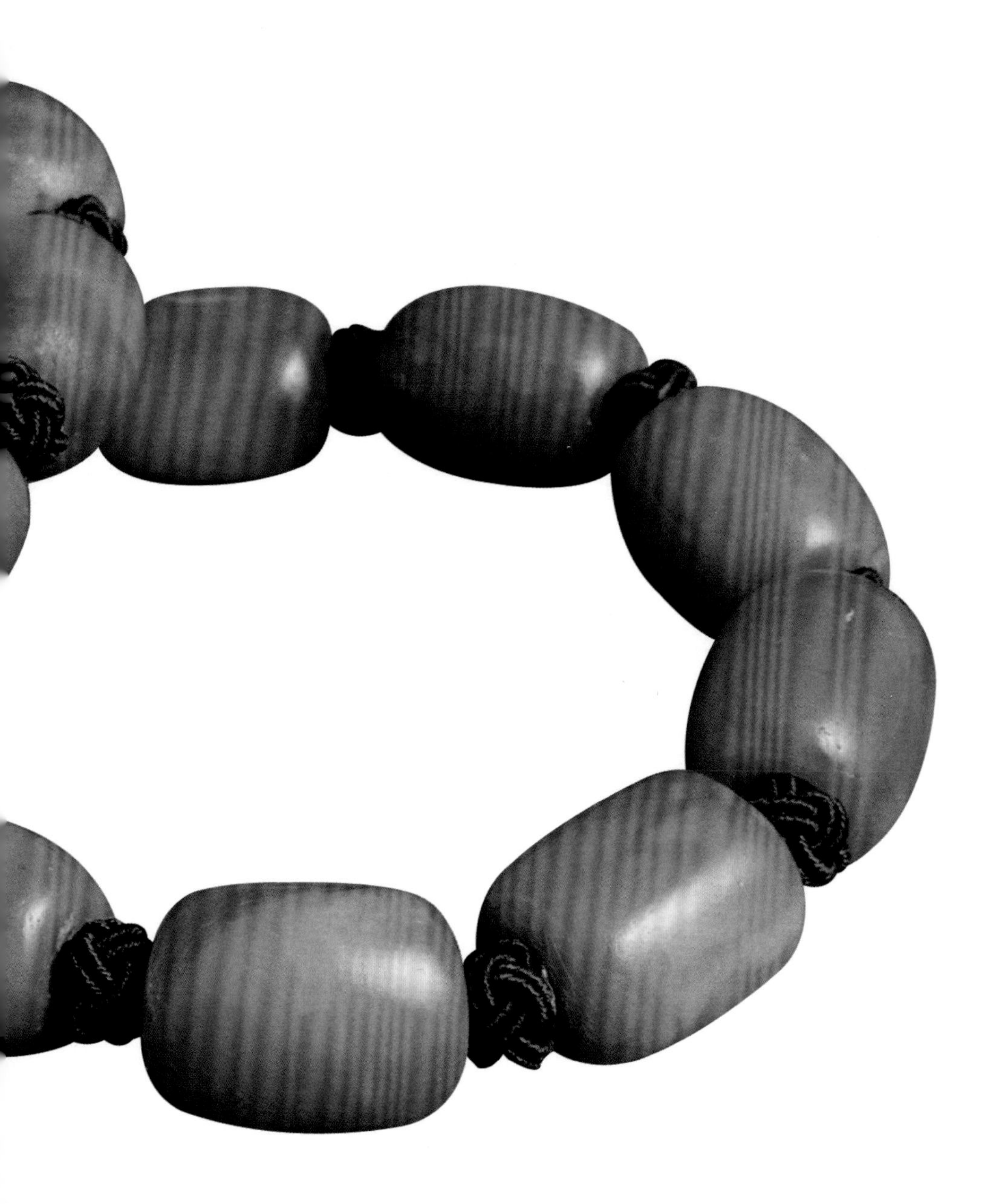

在我国，蜜蜡一直深受人们喜爱，尤其是白蜜蜡，散发着松香的气味。目前，全世界掀起了收藏蜜蜡的热潮，新的蜜蜡形成尚须经历数年，而已经形成的天然蜜蜡产量又日益减少，珍稀品种自然是一价难求、有价无市。

◁ **蜜蜡手串**
重约18.2克

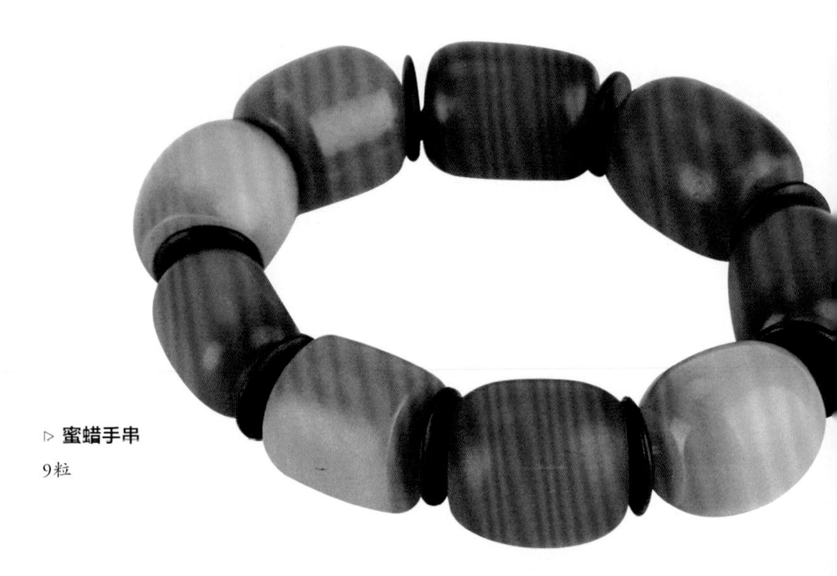

▷ **蜜蜡手串**
9粒

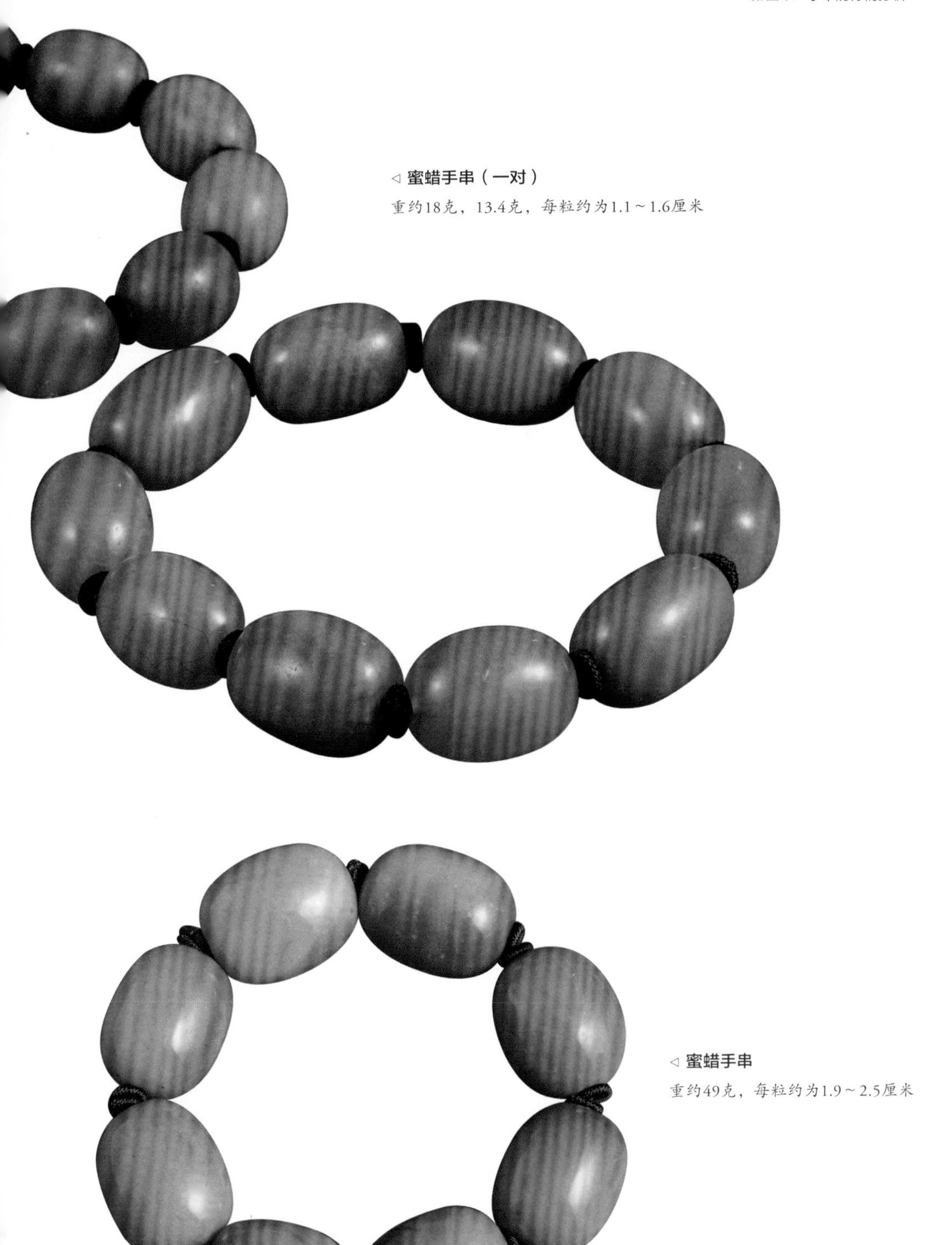

◁ **蜜蜡手串（一对）**

重约18克，13.4克，每粒约为1.1～1.6厘米

◁ **蜜蜡手串**

重约49克，每粒约为1.9～2.5厘米

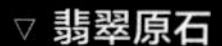

▽ 翡翠原石

重约500千克，长110厘米，宽60厘米，高55厘米

3 | 稀缺的高档翡翠

近年来，翡翠市场逐渐升温，高档的翡翠由于存货量较少，所以受到越来越多人的关注。尤其是在近期的拍卖会上，能够清楚地看到高档的翡翠手串屡屡拍出很高的价格。

更值得一提的是，翡翠是一种不可再生的资源，因此，高档的翡翠手串在未来的升值空间会更大。然而，需要注意的是，在购买时，选择做工和质量两方面都较好的翡翠手串，这样会有更大的升值空间。

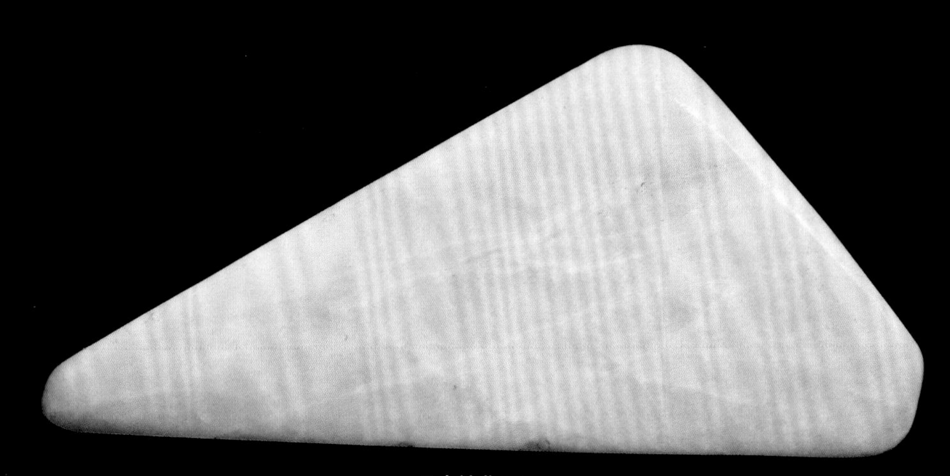

△ 干白地翡翠原石

4 | 前途无量的砗磲

按照大家的普遍印象，砗磲在价格方面应该十分昂贵。然而，实际情况却并非如此。下面详细介绍砗磲的价格情况。

有的人花几十元就能买到一串白砗磲手串，也许您听了会感到很奇怪，砗磲不是很珍贵吗？怎么会如此便宜呢？事实上，最普通的白砗磲价格并不贵，如同珍珠也有一串十几元。若是金丝砗磲，价格上就绝对不会那么便宜了。普通品质的金丝砗磲，一件装饰品价格方面至少超过千元。虽然砗磲类手串一直流通于市场，但天然的砗磲珍品十分少有，所以价格差异很大。

砗磲是一种有地域垄断性的资源性藏品，属于深海较为稀少的资源。一旦形成消费热点，价格就一定会大幅提高。因此有眼光的收藏者和投资者对它非常看好，都觉得砗磲现在有点类似于2003年时的海南黄花梨，由于数量上的稀少而“前途无量”。金丝砗磲制成的手串，金边十分美丽，且具有通透感，目前每串的价格正成倍猛增。

△ 砗磲手串

△ **砗磲手串**

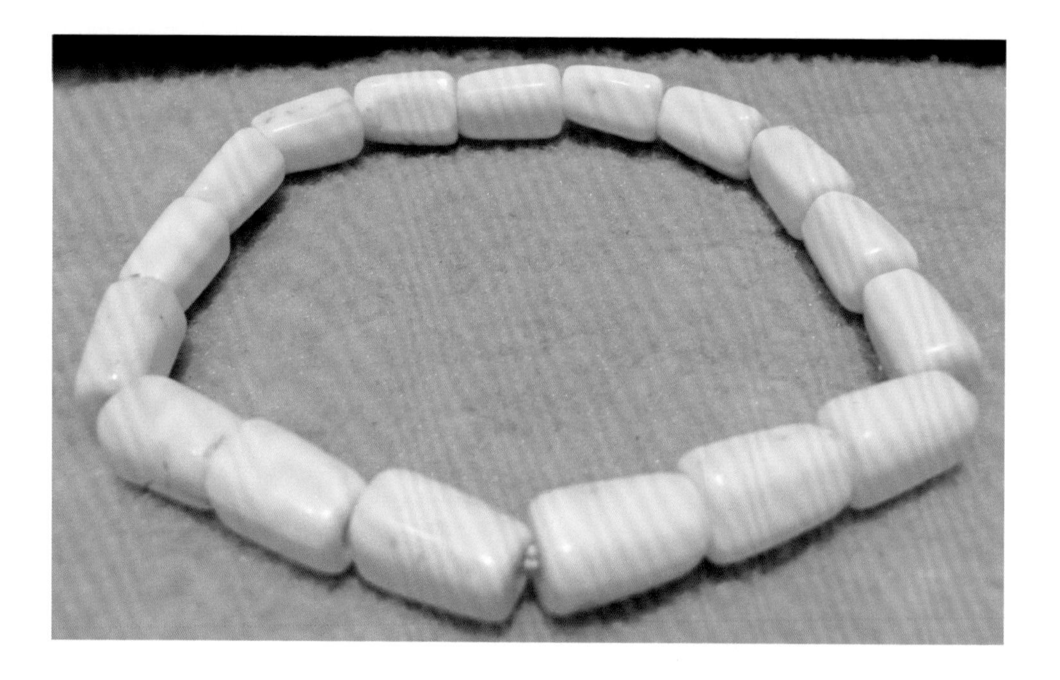

△ **砗磲手串**

5 |“亲民”的碧玺手串

和沉香、红珊瑚的不可再生和稀缺性相比，碧玺则要显得“亲民”得多，作为“水晶”中的上品，碧玺在几年前还处在价格的洼地，但如今，一串几乎毫无瑕疵的碧玺手串价格都在十万元以上。

碧玺的价值主要从颜色、透明度、净度、重量、切工等多方面综合考虑。其中最关键在于其颜色的鲜艳度、透明度以及体积大小。一般来说，内部的杂质和瑕疵越少，其价格就越高；同质碧玺，越重越大价越高；切工规整，比例对称，抛光好的碧玺更有价值。绝大多数天然碧玺的颜色均呈现肉红或紫红色，其中以两种颜色最为昂贵：一是绿色碧玺，绿得越鲜亮越值钱；二是红色碧玺，红得越鲜艳品级越高。

△ 碧玺手串

△ 碧玺手串

6 潜力巨大的紫檀

紫檀手串在如今所有种类的手串中仅次于黄花梨，属于手串中的上品，其质地细密，木纹不明显。如果将紫檀木的木花放在白酒里，我们会看到，木花颜色将很快被分解为粉红色，并且与酒形成胶状物。胶状物的特性比较黏，在倾倒时可以连成线。

目前市场上的“紫檀”几乎皆为“非洲紫檀”，即“大叶紫檀”（又称“新檀”），而十分正宗的印度小叶紫檀（又称“老檀”）则十分罕见。小叶紫檀油润不干，有花纹；非洲紫檀则无任何光泽，死黑一片，且纤维粗，在干燥收缩之后会出现不少所谓的“牛毛纹”。不同的“牛毛纹”收缩度是不同的，所以会造成间隙。小叶紫檀，若为新的，则呈红色，戴在手上之后，其颜色还会慢慢地变深。下面来讲述紫檀手串的收藏投资价值。

• 血统纯正

紫檀手串价值与紫檀木材的“血统”有关。紫檀木种类有数十种之多，上品为小叶紫檀。小叶紫檀制成的手串价格往往是大叶紫檀的4倍左右。

檀木可分为空心、实心两种。十檀九空，大多数檀木有空洞，而无空洞的少之又少，自然的、实心檀木制成的手串价格高，升值潜力大。

• 年代久远

紫檀手串价值与年代历史息息相关，年代越久，价值相对越高。究其原因有两点：一是年代越久，保存下来越稀少，物以稀为贵，自然价格越高；二是年代与历史文化价值挂钩，年代久的紫檀手串往往是时代与文化内涵更为丰富的历史文物。

△ **金星小叶紫檀手串**

• 与名人沾边

紫檀手串如果为历史著名的工匠制造，或者曾经为历史名人所收藏，自然会有更多的人文历史内涵附加，手串增值也就理所当然。

• 产生包浆

紫檀手串产生包浆是一个非常漫长的过程，而且与收藏家的素养有关。紫檀包浆的形成需要手串与人手长期的磨合与相互塑造，只有正确的手法和耐心地等待才会让其完成“包浆”的过程，绽放出迷人的色彩和光泽。包浆还对手串表面起到保护作用，可防潮防腐。因此，有包浆的紫檀手串更值钱。

△ **紫檀手串**

7 “身价”高的金丝楠木

金丝楠木，寿命长，木质坚硬耐腐。这种木材生长起来十分缓慢，成为栋梁材至少需要上百年。最主要的是，金丝楠木的色泽匀称淡雅，易加工，且伸缩变形小，是软性木材中最佳的一种。实属珍贵，“身价”自然很高。

△ 金丝楠木手串

8 暴涨的黄花梨

现在，黄花梨的大料差不多已经穷尽，海南黄花梨手串的出现，正好满足了人们对于好木材的渴求。黄花梨是所有硬木中价值最昂贵的品种之一，加上黄花梨木资源稀少，日益难寻，物以稀为贵；近年来黄花梨手串交易价格不断攀高，十年间已飙升了数十至数百倍，目前在市面上已经出现了供不应求的局面。因此投资黄花梨手串不失为一种明智的策略。

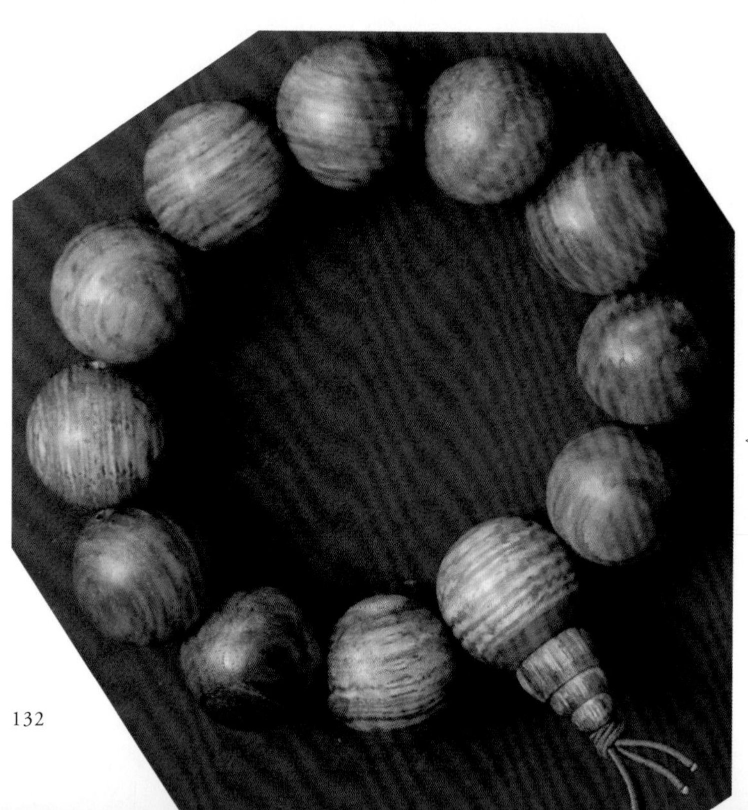

◁ 越南黄花梨手串

9 | 备受关注的沉香

目前市场上，沉香是话题被炒作得最热、价格最高、木质最为神秘的木材，可以说是“沉得惊人，香得骇俗”。自古以来，沉香就备受人们的关注、喜爱和向往，位列众香之首。在宋代就已有“一两沉一两金”的说法。近年来，沉香的价格更是大幅上升，其中，品质较好的奇楠已经远远超过黄金了，每克价格甚至达8万元左右。不过由于沉香质地参差不齐，所以沉香的价格也不尽相同，质优的价格能达到质次的价格的几十倍甚至上百倍。

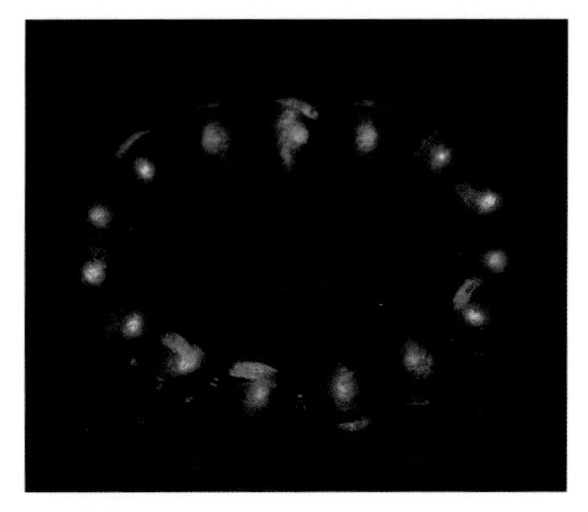

△ 沉香手串

△ 沉香手串

10 | “吃香”的檀香

在实际的收藏市场上，有不少人会认为有香味的即为沉香。事实上很多木头各有香味，檀香就是其中的一种，因为它本身就是很好的香料。在沉香的“火热”之下，檀香也开始“吃香”。在目前市场上，老山檀香木雕件的价格甚至高达每斤几千元。

其实，沉香和檀香不一样。因为檀香是活的树，而沉香则为埋于土壤中的木头，两者味道不同；并且沉香永远都有香味，而檀香仅仅在一段时间里具有香味。为了让檀香能够持续散发香气，需要每隔一段时间就用玻璃瓶子罩住它，或者用袋子把它密封好。只有这样，才能让香味持久。

△ 印度老山檀香手串

△ **沉香手串（水沉）**

17粒，直径1.2厘米

优质的沉香数量较少，优质的檀香也是如此。真正被行内人士所崇尚的是老山檀香木，在目前市场上少见。

在衡量檀香的投资价值时，在原材的基础上很大程度包含了雕刻工艺的价值。目前市场上的檀香木成品较为多见，即使行家也不容易一下子道破檀香木的价格。当然，在关注檀香的雕刻工艺的同时，还需注重檀香材质的好坏。

务必要留心假货，不然花大价钱却买到假的檀香，不但没有收藏价值，反而对人体健康造成伤害，那就得不偿失了。

◁ **沉香手串**

15粒，直径1.4厘米

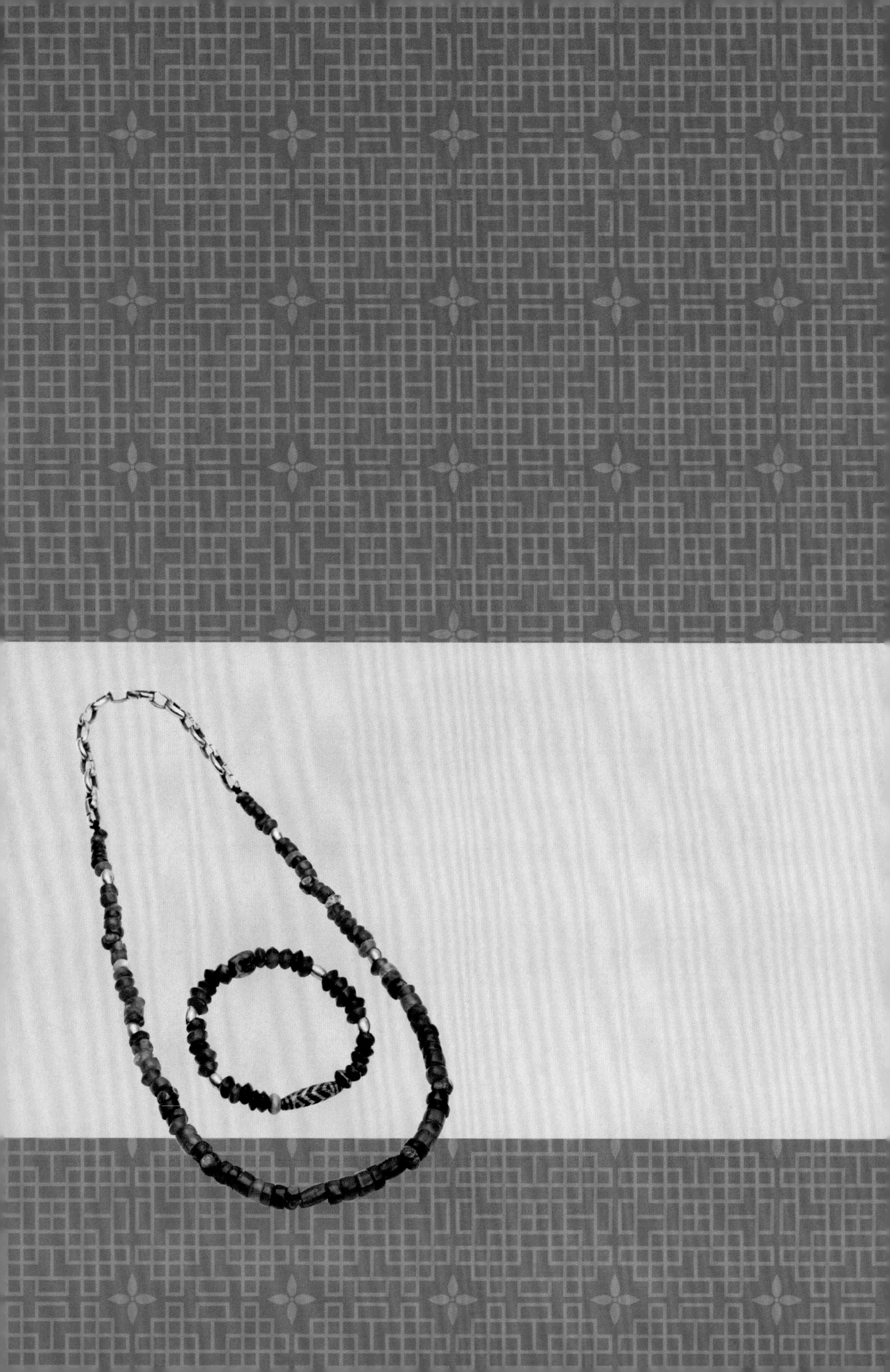

第五章

手串的购买渠道和购买技巧

一 手串的购买渠道

△ **南红玛瑙手串**
每粒约为1.7～2.6厘米

1 | 从拍卖公司购买

近年来，国内各类型的拍卖公司纷纷成立，如北京保利国际拍卖有限公司、北京翰海拍卖有限公司、北京嘉德国际拍卖有限公司、香港天成国际拍卖有限公司、广州华艺国际拍卖有限公司等，这些公司曾多次举办手串专场的拍卖。

▷ **南红玛瑙手串**
17粒，重77克

△ **佛家多宝手串**

最大直径约2.0厘米

△ **千年至纯达洛天珠多宝手串**

达洛长1.45～2.02厘米

其他珠子直径约1.5厘米

拍卖公司拥有权威的专家顾问团队、专业的从业人员、全球征集拍品的能力以及专业的展览服务，为收藏投资者拍下心仪的藏品提供很大的便利和保障。

2 从文物商店购买

文物商店是我国文物事业的重要组成部分，为国家培养大批的专业人才的同时，也为国家收购、保存了大批的珍贵文物，成为国有博物馆文物征集的重要渠道之一。

文物商店具有专业人才聚集、分布地区广泛、文物品种丰富、物品保真性强、价格相对合理等特点。

△ **南红玛瑙手串**
26粒，重77克

◁ **天珠手串**

△ 小三点天珠和小两眼天珠手串

△ 天珠两粒手串

3 | 从手串专卖店购买

手串专卖店多选址于城市商业繁华地带，采取定价销售和开架面售的形式，注重品牌名声。服务人员一般专业知识过硬，可以为买家提供咨询建议。另外，专卖店多提供售后服务等一系列贴心服务，因此越来越受到众多买家的肯定。

△ 沉香手串

△ 琉璃手串

△ 青金石手串

△ **小两眼天珠配珊瑚隔珠手串**
每粒约为1.1～1.7厘米

4 | 从典当行购买

现代典当业作为金融业的有益补充，作为社会的辅助融资渠道，已成为市场经济中不可或缺的力量。典当行的典当品种繁多，金银珠宝、古玩字画、汽车、房产、家具等应有尽有，当然不差高档手串。如今，这已成为买家收藏手串的一种渠道，而且有收藏价格相对便宜的优点。

△ **青金石手串**

△ 老玛瑙项链和手串（各一条）

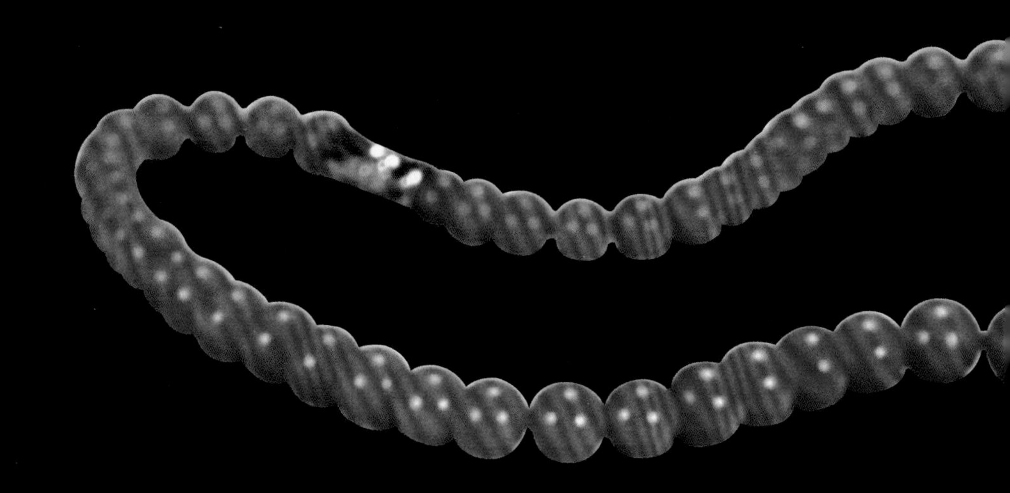

5 | 从圈子内购买

每个行业都有自己的圈子，手串也是如此。圈内交易自古至今依然存在。圈内交易方式较灵活，比如可以不用现金交易，而是以物换物，交易双方各得所需的同时，还能增进感情。

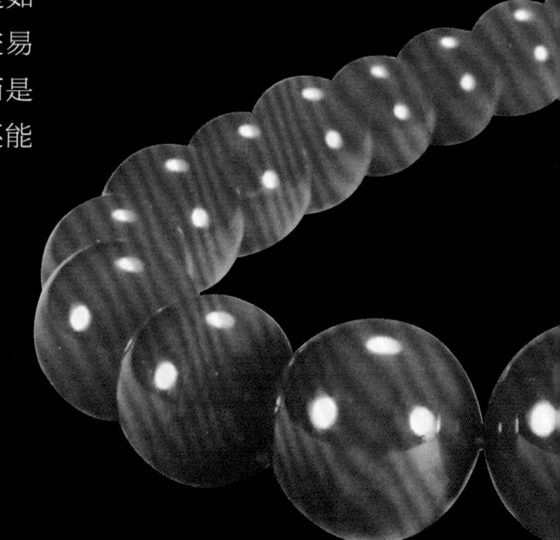

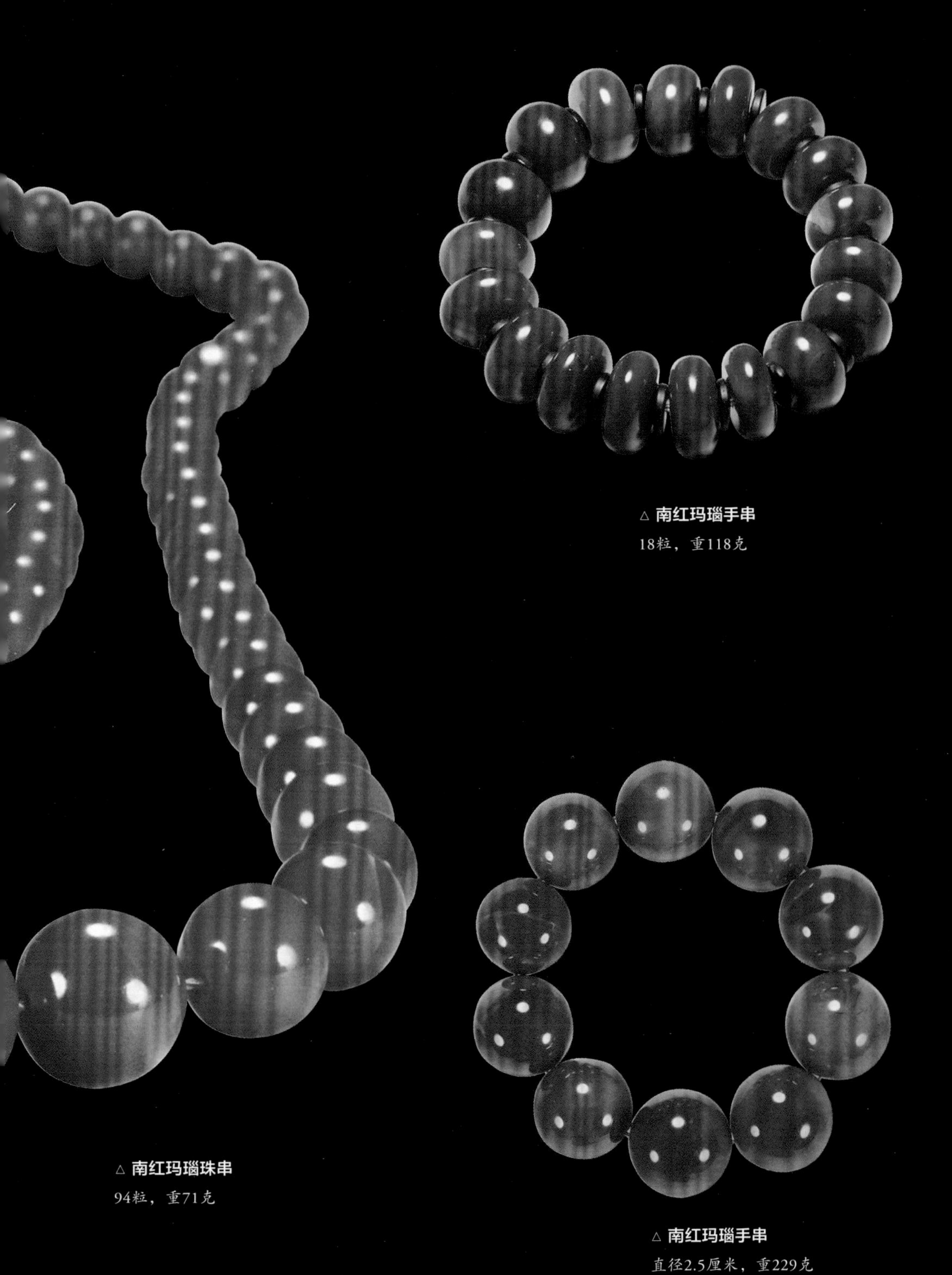

△ **南红玛瑙手串**
18粒，重118克

△ **南红玛瑙珠串**
94粒，重71克

△ **南红玛瑙手串**
直径2.5厘米，重229克

△ 青金石手串

△ **南红玛瑙珠串**
73粒，重67克

6 | 从网络渠道购买

互联网带给人们前所未有的便利，足不出户便可知天下。手串收藏也利用网络的便利扩大了影响力。网络拍卖已经成为未来的发展趋势。

网络拍卖作为电子商务的概念早已提出。经过多年酝酿与探索，如今已展现良好的发展趋势。

网拍与传统的展厅现场拍卖相比，有着先天不足，如拍卖品艺术真伪无法鉴别、无法全方位展示等。但网拍也有优势，即可以365天24小时不间断进行，可以面向全世界，突破了时空的限制。

◁ **黑白珠两粒配红木手串**

黑白珠体长3.1厘米

直径1.16～1.2厘米

△ **天珠手串**

◁ **天珠手串**

每粒约为1～1.7厘米

▽ **黑白珠两粒配蜜蜡手串**

黑白珠体长2.5～2.8厘米

直径约0.9厘米

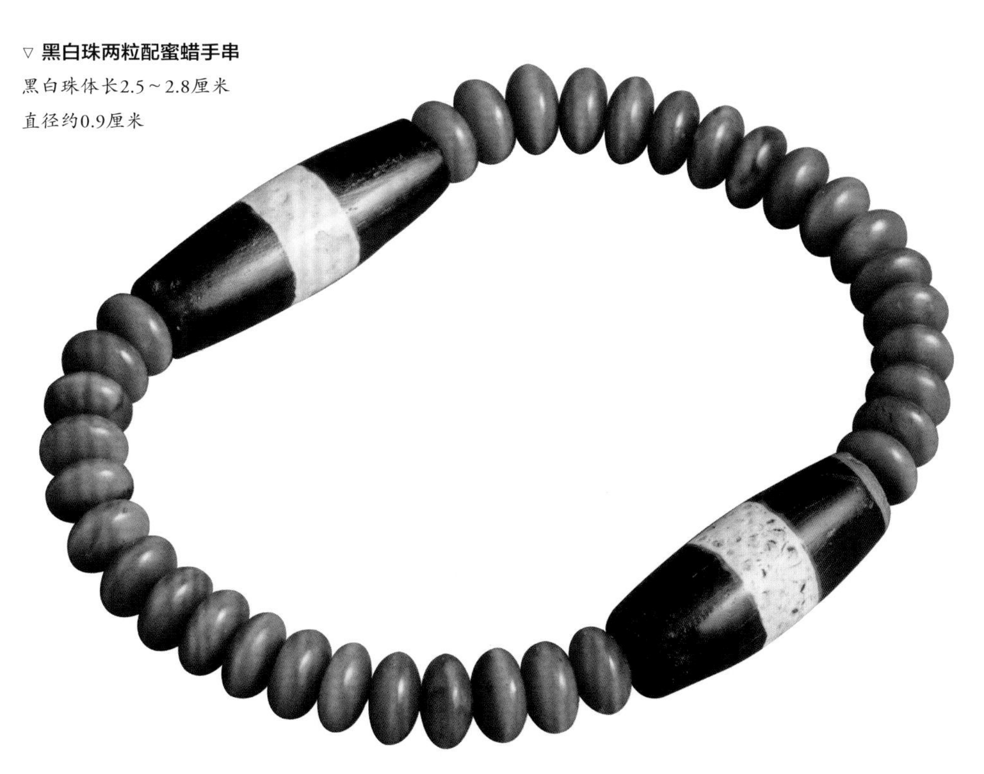

二 正确挑选手串

人们对手串都有着一份特别的情感，几乎人人都想得到一件称心如意的手串或馈赠亲友，或珍藏，或自己佩戴……

首先要明确自己买手串的目的，如送亲友，亲友是做什么工作的，是经商还是机关干部，送手串的用途是什么，是祝寿还是留念……工作性质和用途的不同，送的手串寓意也不相同。如果是自己佩戴，那么你的意愿又是什么，是祈求、是保佑、是象征、是祝福……要明白你需要哪种寓意的手串。如果是收藏，那就要高质量、价格贵一点的珍品。明确目的之后，还应结合自己的经济实力，对市场上各大商家所售卖的款式、品质、价格等进行比较分析，最终确定购买，对于贵重的手串，不要忘记向商家索要购买凭证和质量保证书（鉴定证书或信誉证书等），问清楚售后服务项目。一旦发现质量问题或佩戴过程中出现问题，可通过商家得到及时合理的解决。

◁ **达拉干沉香随形手串**

直径约1.4厘米，重约16.8克

△ **老沉香手持珠**

18粒，直径1.5厘米

◁ **南红玛瑙手串**

12粒，重128.8克

◁ **黑白珠两粒手串**
每粒约为1.2～2.3厘米

▷ **唐桶珠手串**
12粒，最大直径约1.6厘米

1 | 手串的选购技巧

多件手串摆在眼前，普通买家往往不知道如何挑选，既不知道是不是真材实料，也不知道什么样的手串好，有点“挑花眼”的感觉。如何买到称心如意的手串呢？

△ **南红玛瑙手串**

直径2.6厘米，重253克

- **看外形**

观察手串形态，是否鲜明，有无神韵；外形是否圆润，大小是否相同；雕工是否规整、精细；珠子的孔眼是否均匀、平直；每颗珠子的颜色、纹路是否接近或一致；是否给人以美的享受；第一眼望去就爱不释手。

△ **小两眼天珠手串**

每粒约为0.8～1.8厘米

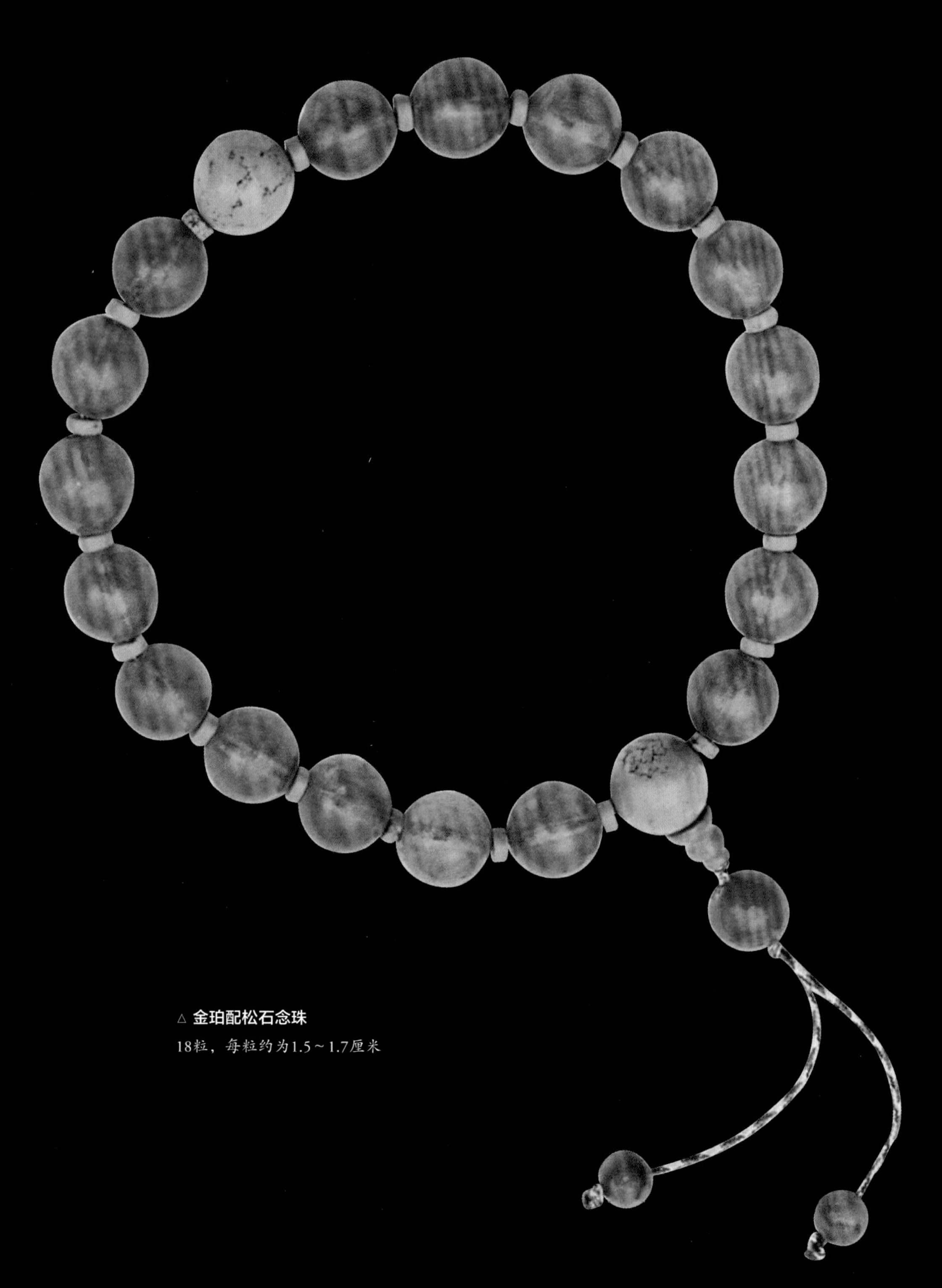

△ **金珀配松石念珠**

18粒，每粒约为1.5～1.7厘米

- **看纹路**

看它的纹路(即油线)是否清晰，色泽是否雷同，因为天然的东西不可能没有瑕疵，往往人造的色泽会有雷同，而感观上比较完美。如黄花梨木色泽多呈黄色，黄中带红。

- **看材质**

对于竹木类手串，一般遵循两个原则：一是密度选大不选小，密度大的木材质量更好；二是选旧不选新，新木受湿度、温度的影响，木性还不稳定，易开裂、变形等。

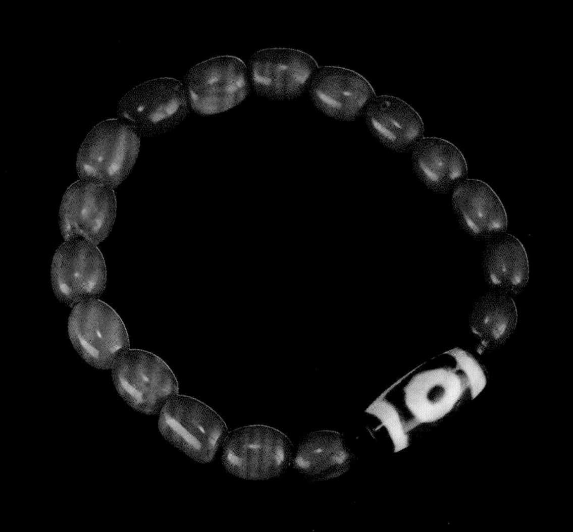

△ **两眼天珠配蜜蜡手串**

蜜蜡7克，天珠1.0～2.1厘米

▷ **南红玛瑙手串**

13粒，重138克

• 看同料

如果不是一个料，氧化后颜色有深有浅，会比较难看，影响整体效果。

• 嗅味

竹木类手串大多是有自己特殊的香气，如黄花梨木锯断面气味多辛辣，日久变为香气；花梨纹紫檀木锯断面散发出浓浓的蔷薇花梨味，非常独特。质量优良的檀香木散发出的香味会让人有一种神清气爽的感觉。

如沉香品种多，香味各不同，所以要确定一种自己喜欢的香味。

• 试质量

在同材质同体积的情况下，密度越大，品质越高。紫檀沉于水，黄花梨半沉于水，绿檀悬浮于水中，其他檀木漂浮于水面。

以沉香为例，沉香的优劣主要看含油量的多少，而含油量多少是与质量成正比的。质量越重，含油量越高，其品质就越好。以直径1.6厘米的手串为例，质量在10～15克的手串为入门级，市场价格在1000～3000元。如果在3000元以上买到这种手串，就不一定物有所值，除非是一种很少见的沉香品种所致。再比如真的翡翠会有一种沉甸甸向下的压手感，而假翡翠掂在手中则有一种轻飘飘的感觉，感觉不到向下的压手感。

△ **加里曼丹沉水沉香竹节手串**

重约16克

△ **老奇楠手持珠**

18粒，直径1.9厘米，重137克（含配饰重量）

• 防假冒

因为好材质的手串一般产量少、价值高，再加上科技发达，造假手段层出不穷，市场上以次充好、以假乱真的手串大量存在。所以，买家入手时，在慎重的同时，还应掌握一些手串作旧的知识，学会辨别真伪，防止上当受骗。

• 协调度

在购买手串时一定要试戴，看看大小、松紧、长短程度是否适合。

△ **佛家多宝手串**

最大直径约1.85厘米

◁ **沉香随形手串**
直径约1.4厘米，重约14克

2 | 选沉香还是选檀香

随着现在香文化的兴起，对香感兴趣的人越来越多，各种沉香或者檀香的手串都流行起来，很多人在购买时会涉及选檀香还是选沉香的问题。

檀香和沉香虽然都有香味，却是两种不同的东西，是没有可比性的，不存在谁好谁坏，主要看个人需求和喜好。一般来说，檀香的香味要比沉香醇厚、浓郁一些，但是和沉香相比，香味无明显区别，比较单一，而大多数沉香的香味虽然比较淡，但是香味多变，韵味奇妙，让人着迷。

3 | 不要贪便宜

购买手串时，对价格要有一定的心理定位，要知道“便宜没好货”，千万不可以贪图小便宜买来假的或者质量劣的手串。

4 | 水晶并非越透越好

深入认识水晶，最纯的水晶即为玻璃，若按照纯度对水晶进行挑选的话，那么最终挑到手里的一定是玻璃。所以，在挑选水晶时，要看其特色，而非根据玻璃的通透度去挑选水晶。事实上，水晶中的杂质即为水晶的重要特色，水晶不同，所含的金属元素就不同，有的水晶颜色会发绿或者发红，还有的水晶带有金丝。与此同时，人们又对不同的水晶赋予了不同的寓意，当然，这也是水晶的独特魅力。

△ **水晶手串**

5 | 琥珀和蜜蜡是否一回事

关于“琥珀和蜜蜡是否一回事”的问题，现在有两种主要说法。

• 非同类说

这种观点是法国东方学家让-布吕埃勒·安东博士所提出的。在他看来，琥珀和蜜蜡并非同一种物质。蜜蜡的品种大概仅有一种，颜色为黄色，质性朦胧，从不透明到半透明。不管是颜色还是种类，琥珀都远远丰富于蜜蜡。

• 同类说

这种观点是现在最主流的一种认识。持此观点的人认为，蜜蜡属于琥珀行列，只是因其“光如蜡，色如蜜”而得名。虽然蜜蜡和琥珀在透明度方面存在着差别（蜜蜡为不透明体，颜色呈明黄至暗红色），然而在化学和物理成分上，琥珀和蜜蜡没什么区别。简单来讲，不透明的叫蜜蜡，而透明的叫琥珀。同时，在欧洲，琥珀和蜜蜡也并无区别，而是被人们统一称作“Amber”。

△ 琥珀手串

就人们现在的认识水平而言，琥珀和蜜蜡只能识别为树脂化石。但蜜蜡到底是什么，琥珀到底是什么，众说纷纭。如果根据现代科学和珠宝学的观点来讲，琥珀和蜜蜡同属于有机宝石类，形成于地底下，需要的时间为千万年甚至上亿年。然而据相关研究表明，蜜蜡比琥珀要古老得多，蜜蜡来源于一些已在地球上绝迹的树。

△ **蜜蜡手串**

重约16.4克

第六章 手串的保养技巧

△ 水晶手串

一 宝玉石类手串的保养

木有灵犀，质地做工均精良的手串也是有灵性的。手串的主人应该加倍地爱护它，如果不好好收藏保养，心爱之物因一些不可抗力发生不良变化，会令人抱憾终生。

1 | 给水晶手串“洗洗身”

说到底，水晶的保养就是“清洗”，也就是所谓的“消磁”和“净化”。一般水晶手串买回来以后，都要进行“清洗”。下面是几种主要的水晶清洗法。

- **海盐浸洗法**

将适量的粗盐或者海盐按照1：10的比例放入清水中，待溶解后，把水晶手串浸泡在里面大概三四小时，就可以消解水晶内部磁场，也能清洗水晶表面的污垢。事实上，放入平时用的食用盐作为替代物，也是没问题的。

- **雪堆埋藏法**

这种方法需要把水晶手串直接埋藏于雪中超过四小时，这样即可消除水晶磁场。然而，在实际操作方面过于依赖周边的天气情况。

△ 水晶手串

• 清水净化法

具体操作起来非常简单：接一杯清水，把水晶手串放入其中浸泡三四个小时，这样就能够达到释放水晶磁场的目的。

• 阳光清洗法

把水晶手串放在日光下照射约一个小时。不过需要提醒大家的是，这种“晒石”法不太好，因为水晶不稳定，尤其是含铁和铜的红色或紫色类水晶经阳光照射之后容易褪色，所以小心谨慎才是。

2 琥珀手串如何养才不会损坏

如何“养”才不至损坏呢？琥珀易熔化，熔点低，怕阳光暴晒，怕热，所以琥珀手串应该避免接受太阳的直接照射，不应放于高温环境中；琥珀属有机质，应该避免接触有机溶剂，例如汽油、煤油、指甲油等；琥珀无法承受外力撞击，应该避免刻划和摩擦，防止产生划痕甚至碎裂；琥珀与硬物相互摩擦会使其外观产生毛糙的现象，出现细痕，在清洗琥珀的时候千万不可以用毛刷或牙刷等硬物。当琥珀染上人体的汗液和空中的灰尘后，可将琥珀放入添加中性清洁剂的温水里进行浸泡，先用双手搓洗冲净琥珀，然后用不硬的毛布擦干琥珀，并滴上少许的茶油或者橄榄油，对琥珀的表面轻轻地擦拭，再用柔软的毛布沾掉多余的油渍，这样就可以让琥珀的光泽重新恢复。另外不得不提的是，保养琥珀的最好办法即为长时间地佩戴，道理很显然，人体的油脂可以让琥珀“出落”得越来越亮。

△ 琥珀手串

△ **琥珀手串**

3 | 保养砗磲手串有诀窍吗

和珍珠一样，砗磲也属有机宝石，所以千万不能让砗磲接触到酸物质或者碱物质。砗磲手串如果不小心接触到了污物或者汗液，应立即用清水冲洗干净，且用细布擦干。在佩戴砗磲手串一段时间以后，可以用清水先冲洗，再擦干，然后用润肤油或者婴儿油对其进行揉搓，以达到保养的效果。

△ 砗磲手串

△ 砗磲手串

△ 砗磲手串

△ 砗磲手串

4 | 别让你的猫眼石手串“受伤”

在养护猫眼石手串期间，需要注意以下四点。

- **定期清洗**

因为猫眼石手串佩戴需要贴近皮肤，免不了要沾到人的汗液和化妆品，有时还不免会有微酸或者微碱的东西侵入。这样一来，猫眼石手串的表面就容易失去部分光泽。因此说，应在平时多注意定期清洗猫眼石手串，可用盐水浸泡手串三四个小时。

- **防高温和碰撞等**

在平时佩戴猫眼石手串时，注意不要让它靠近高温，以免出现变色或者炸裂现象。另外，佩戴期间不要让它与硬物碰撞、摩擦等。

▷ 猫眼石手串

◁ 猫眼石手串

• 及时取下

在干活、参与体育项目、洗澡时，应将猫眼石手串取下来，以免造成损伤。

• 正确封存

若长时间不佩戴猫眼石手串，就应该将它用软布包起来，放在密闭的盒子里暂时封存，这样可以防止手串产生风化或者氧化现象。如果手串的表面部分已经产生了风化现象，则应该给其稍涂一些油脂或者恢复佩戴，这样就能够恢复其“面貌”。

△ 猫眼石手串

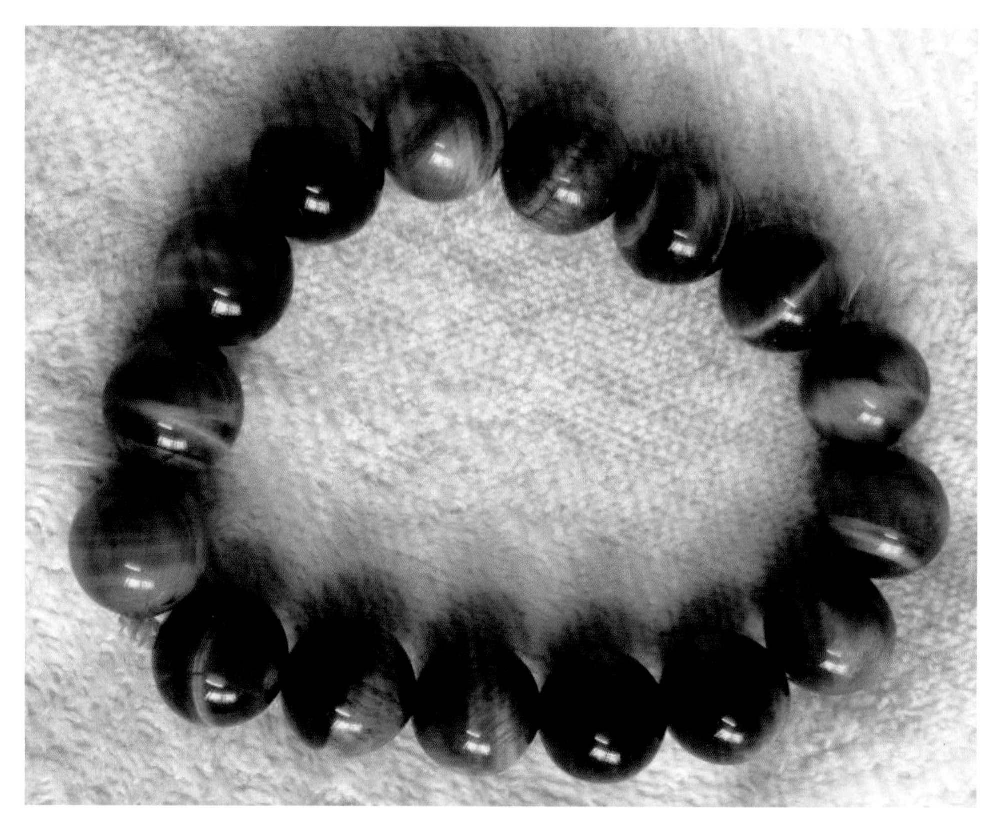

△ **猫眼石手串**

5 | 翡翠手串保养五大忌

翡翠，是一种高档的宝石，且以其制作而成的手串在日常生活中也很重要。然而，若保养的方法不得当，就会损害到翡翠。总而言之，保养翡翠手串有五大忌，具体介绍如下。

- **忌污染**

做好翡翠手串表面的清洁十分重要，这是由于使用翡翠手串后会残留下来各种污秽，是酸性或是碱性，都会污染、损害翡翠手串的表层。所以说，在每次佩戴翡翠手串以后，都要用干净而柔软的棉布进行擦拭，但是不可以使用染色布。当然了，还可以用清水和温水清洗翡翠手串。具体方法是，先将它浸在水中大概半个小时，再用小刷子轻轻擦洗翡翠镶嵌饰物，然后用干净而又柔软的棉布吸干水分。切勿拿着翡翠手串直接在水龙头上进行冲洗。

• 忌暴晒

高温会使物体出现热胀的现象，翡翠也不例外。所以，千万不可以让翡翠手串在阳光下暴晒。强烈的阳光会增大翡翠分子的体积，使玉质产生变态，并且还会对玉的质地造成诸多负面影响。此外，翡翠手串不能遭受蒸气的冲击。

• 忌离弃

常佩戴其实是“养护”翡翠手串最好的方式之一，这种方法也是最实用、最简单的。无论它在人体的哪个部位，均会处于一种人体温润的小环境。所以说，经常佩戴不仅可以有效地补充翡翠的失水，还会让它变得更加润泽，并且水头也可以获得一定程度的改善——无论是“棉”还是“絮”，均能够消退变透，即人们所说的“人养玉”。

△ **翡翠手串**

• 忌碰撞

翡翠的摩氏硬度非常高，具有较大的耐磨性，但同时也存在着弱点——脆性较大。一般情况下，翡翠很娇嫩，碰不起。翡翠一经碰撞，其表层内的分子结构就会损坏，内部产生暗裂隙。尽管肉眼不易察觉，但是在放大镜下它们便会乖乖地“露脸”，在完美性与价值两方面都将大受伤害。收藏翡翠手串时，应该将其珍藏在质地柔软的饰品盒内，如果收藏了两件以上的翡翠手串，那么则应各自用绒布之类的柔质物将它们包裹好，以避免碰撞等情况发生。

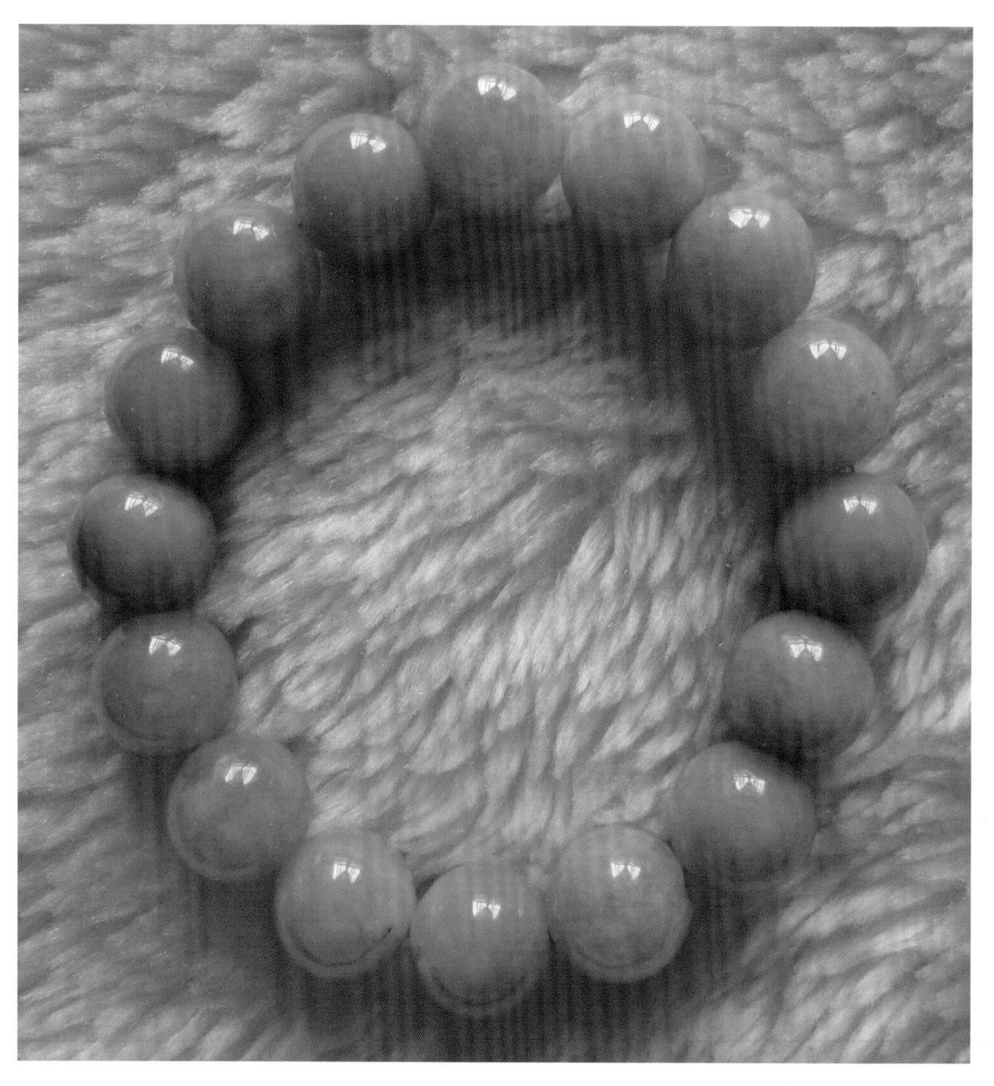

△ **翡翠手串**

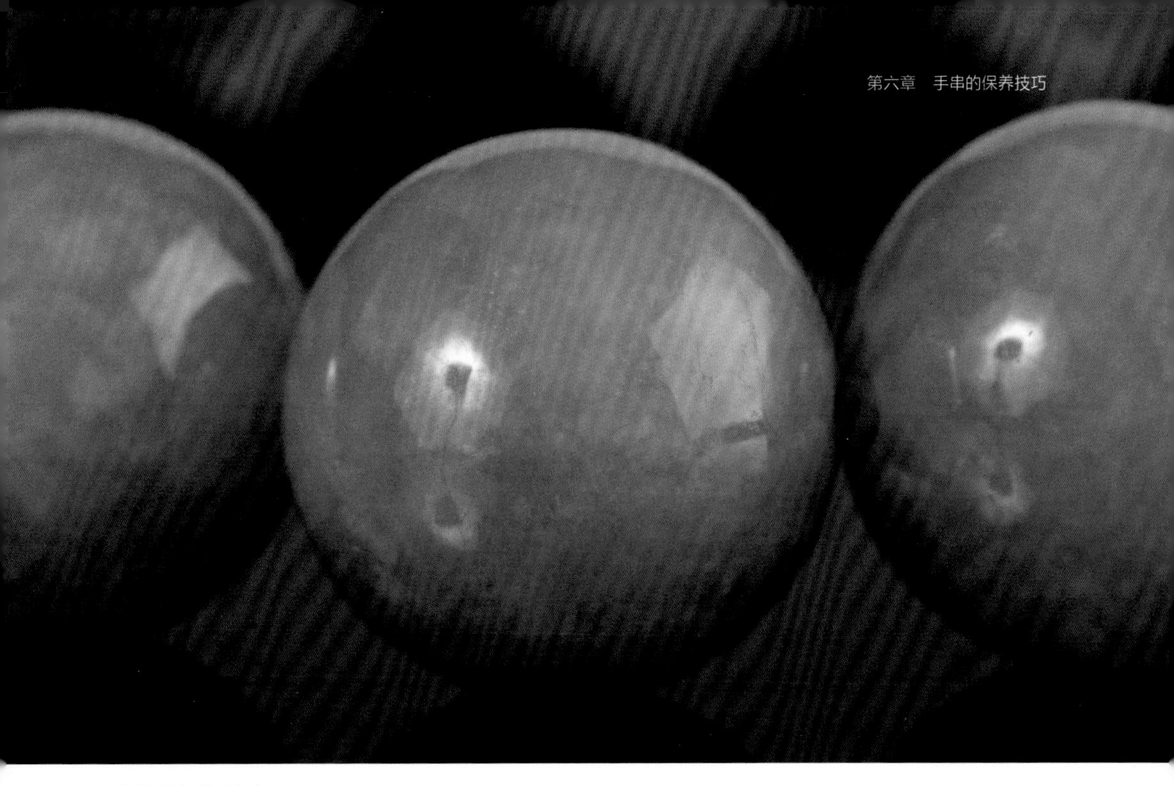

△ **翡翠手串（局部）**

△ **翡翠手串**

△ 翡翠手串

• 忌化学试剂

随着人们生活水准的提高以及物质生活的发展，日常生活中所用的化学物品日益繁多，殊不知这些现代生活中的化学剂会给翡翠手串带来一定程度的损伤。比如，各种各样的杀虫剂、化妆品、洗洁剂、肥皂、香水和美发剂等。一旦不慎将化学物品沾染到翡翠手串上，就必须在第一时间里清除干净，以避免损伤到翡翠手串。

最后需要强调的是，翡翠手串最好有专门的收藏处。可以按照翡翠手串的大小为它制作一个布袋，布袋宜选择古朴典雅的布料及花纹，这样可以与艺术品格调相衬。布袋上当然还要设计可以挂在身上的吊带，这样一来就会十分便捷。如果条件允许的话，还可以用上等的木材制作一个专门的收藏容器，同时在容器的内壁表面加装布衬，这样可以防止磕碰损坏。

总之，翡翠手串需要时时盘玩和认真保养。

6 | 和田玉手串保养

对和田玉手串进行保养有六种方法，具体如下。

• 防擦花或碰伤

在不用和田玉手串时应该将其放在首饰袋或者收纳盒内，主要是为了防止出现擦花或者碰伤。此外，如果将和田玉手串随便放置于柜面上，久而久之，积聚的尘垢亦会影响透亮度。

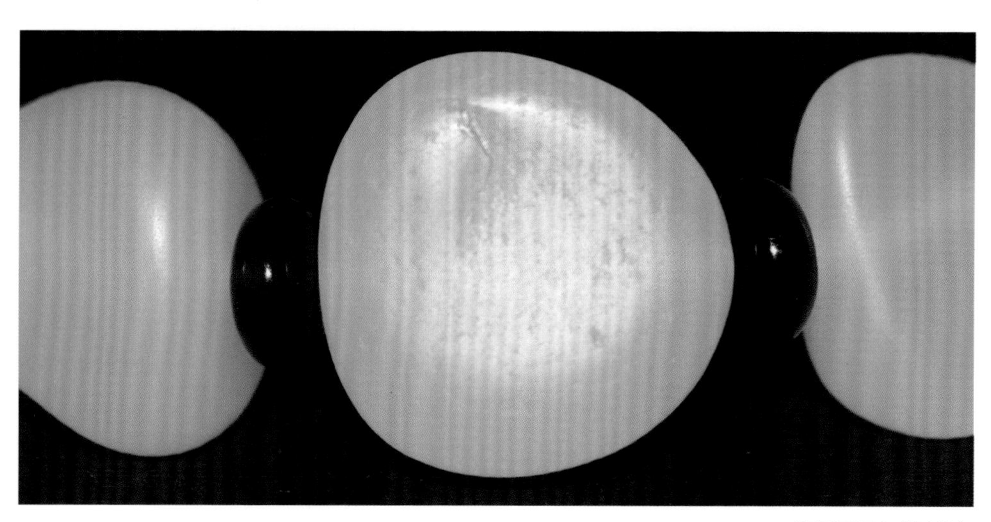

△ 和田玉手串（局部）

△ 和田玉手串

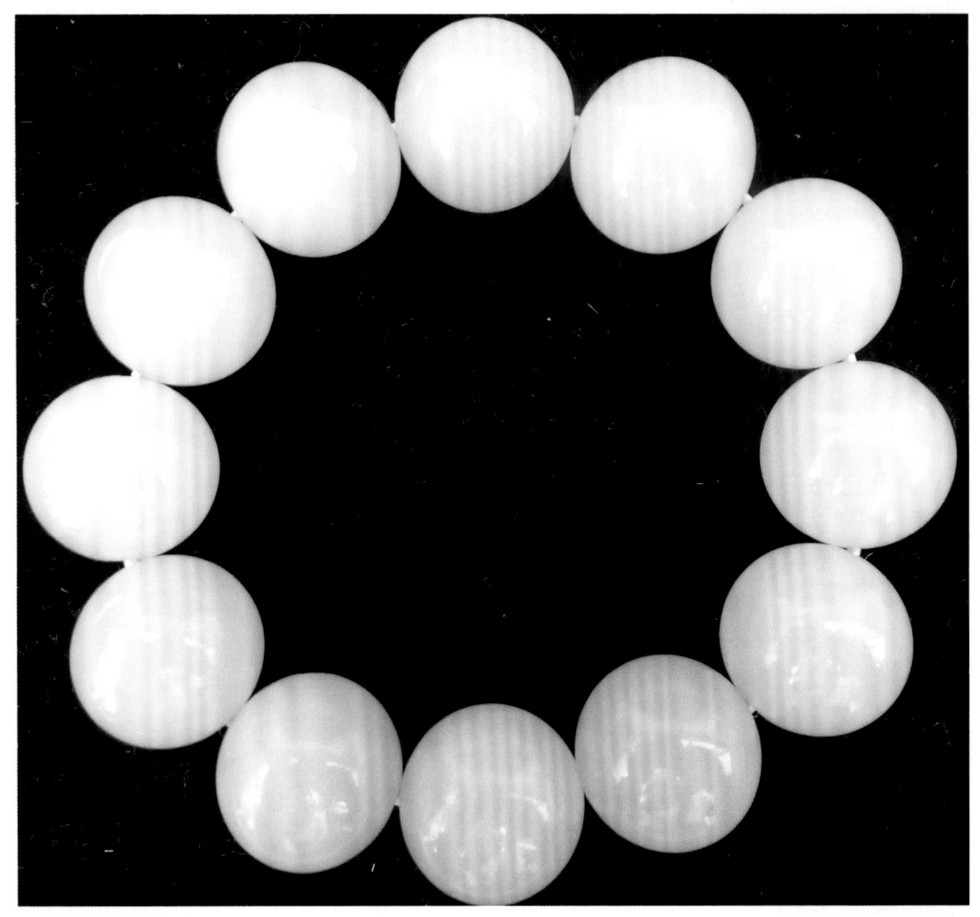

△ 和田玉手串

• 不接触汗液等有较强刺激性的物质

应尽可能地不要让和田玉手串接触香水、化学剂液、肥皂、人体汗液等。汗液中含有盐分、挥发性尿素和脂肪酸等成分。如果让和田玉手串接触太多的汗液，而又不马上擦干，日久就会侵蚀外表，造成不利影响。

• 防止产生暗裂隙

应该避免和田玉手串与硬物发生碰撞。尽管和田玉的硬度较高，但万一碰撞，就很容易出现开裂的现象。有时，虽然我们的肉眼看不出其中的裂隙，但是其表层内的分子结构已经被破坏，出现暗裂隙，自然伤及其经济价值和完美度。

- **轻柔擦拭**

在清洁和田玉手串时，应该使用干净而又柔软的白布擦拭，不宜用质硬、脱色的布料。另外，玉器需要在适宜的温度中保存，玉在形成过程中存有天然水，如果遇到周围干燥的环境，那么里面的水分就会蒸发，这样一来，其艺术价值和收藏价值都会受损。

- **正确清洗污垢**

尽量不要让和田玉手串接触灰尘。如果日常玉器有灰尘，最好在清洁时选用软毛刷。如果已经有油渍或者污垢等附着于玉面之上，则应先用温和的肥皂水进行刷洗，再用清水将其冲洗干净。需要注意的是，千万不可用化学除油污剂对其进行清洗。

- **避免阳光直射**

避免和田玉手串受阳光的长期直射。和田玉也和翡翠一样，遇热会膨胀，分子体积进而增大，对玉质造成不良影响。

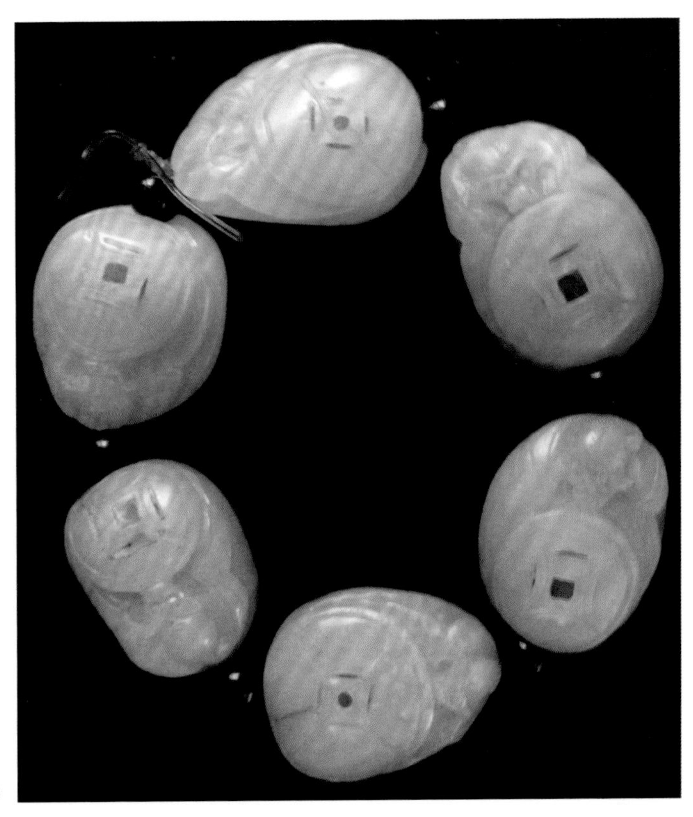

▷ 和田玉手串

二 竹木类手串的保养

1 | 金贵的金丝楠木手串

通常人们并非全面了解金丝楠木保养的细节。尽管金丝楠木的木质坚硬，然而，在平时还是要尽可能地去注意“不要碰撞”。这是由于金丝楠木终究是木头，并非钢铁，就算是钢铁，遇到碰撞也可能会产生形变，因此务必谨慎。平时把玩时，千万不可以让金丝楠木碰到油污和有色液体，因为金丝楠木的质地无论多么紧密也还是有木纹毛孔的，一旦浸入其他颜色，就把原有的木色污染了。万一金丝楠木脏了，也不要用酸、碱等来洗，而应该使用中性清洗液，或直接用清水冲洗。也可用不掉色的软绒布将上面的污渍擦掉，尽量不要用其他的布料。

◁ 金丝楠木手串

金丝楠木不应被放置于高温环境，更不能接触火，在这个方面尤其要注意。通常，金丝楠木的表面无须擦油来保持光亮，这是由于金丝楠木本身就很明亮、光滑。金丝楠木手串戴在身上，与人体、衣物等之间的摩擦会让它更加光亮。

2｜养护沉香手串要小心翼翼

不少收藏玩家和投资者在买回真的沉香手串后没有正确佩戴和保养，这样就会直接对沉香的观赏和收藏价值造成损害。那么，如何保养沉香手串呢？

• 防串味

沉香手串有怡人的香味，这一点和檀木手串不同。香味是鉴别沉香手串的标准之一，因此说，在平时应注意保养沉香手串，如若不然，沉香手串的香味就会减弱。若平时不戴，应单独对其进行密封和保养，不要让沉香手串与其他有味物品放在一起，否则一定会发生串味的情况。串味后，沉香手串散发出的香味和以前相比，就不那么醇香了。

△ 越南沉香蜜蜡手串

△ **奇楠沉香手串**

直径约1.2厘米，重约7克

△ **奇楠沉香手串**

直径约1.6厘米，重约15克

△ **加里曼丹沉水沉香竹节手串**

重约26克

△ **越南富森土沉香手持珠**
54粒，直径1.2厘米

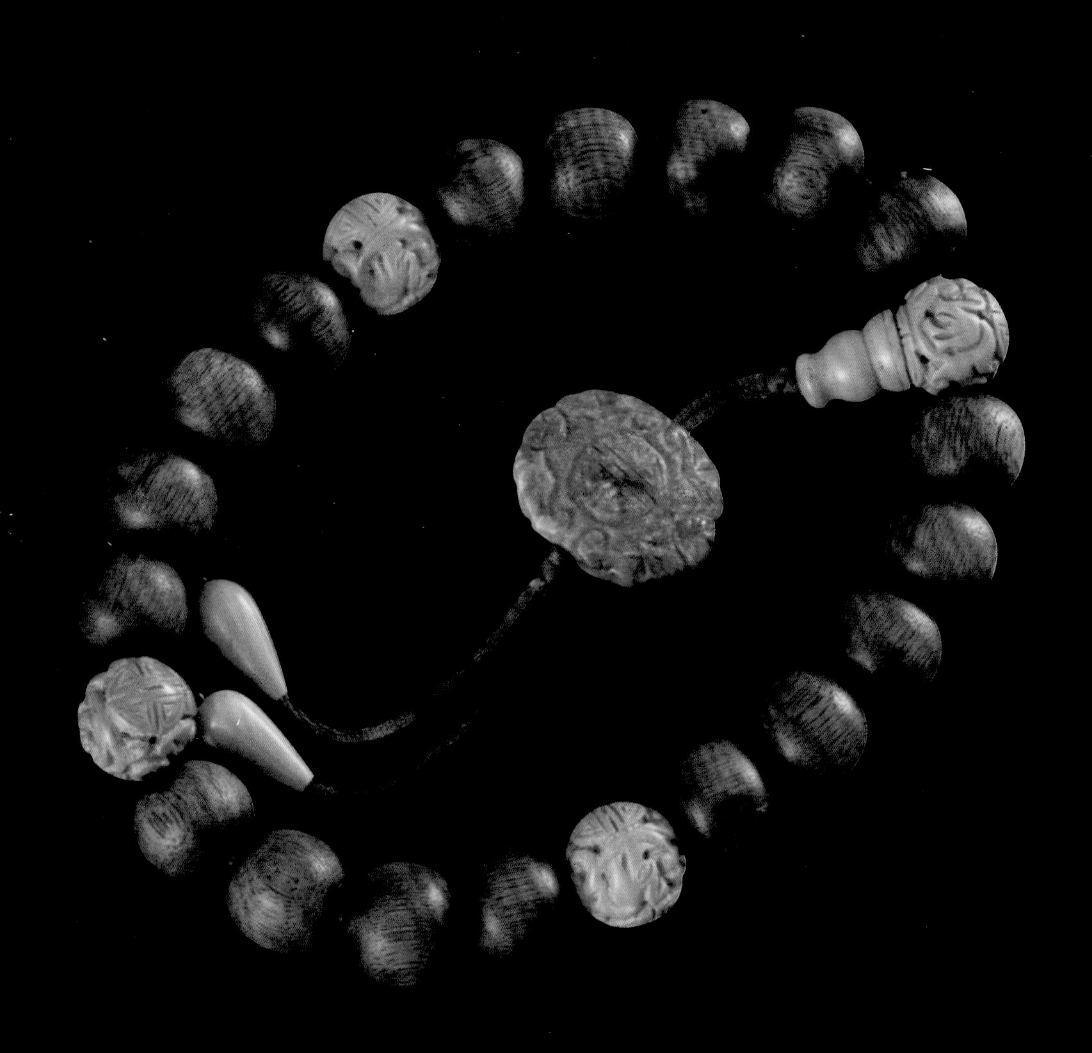

△ **老奇楠沉香手持珠**

18粒，周长13.5厘米

• **防受潮**

这是因为沉香手串虽属于檀木类手串，但从专业角度而言，却并非木，而是木上结出的油脂状的“香”。不过，这种“香”与木相同，也是不可以沾水的，沾水会稀释其中的油性，对保养非常不利，在平时一定要谨慎。洗澡时，要将沉香手串摘下来。洗手时也要小心，不要让沉香手串沾上了水，若沾上了，就得迅速将水擦除。

• **防侵蚀**

不要让沉香手串与肥皂、香皂、香水、洗发水和洗衣粉等放在一起。

• **防高温**

沉香手串不应放在热水袋的旁边或者靠近暖炉。这是由于沉香的化学成分是树脂，熔点低，如果接触高温的时间久了，就会对沉香手串的质量造成很大的影响。

3 | 避免伤及黄花梨手串

作为黄花梨手串的收藏爱好者，应避免让它成为无辜的“受伤者”，因为一些东西会伤害到黄花梨手串。

• **水**

如果大量的水分进入黄花梨手串内部，就会损害手串。夏季爱出汗的藏友，千万不要让身上的汗液沾染黄花梨手串的表面，这是因为汗液呈碱性，会让手串受腐蚀而致使其表面受损、发乌。

• **高温或者阳光**

在太阳下暴晒，黄花梨手串在颜色方面会发生转变，且暴晒后的黄花梨手串表面温度比较高，其内部的油分会出现较多的流失。如果猛地接触到冷空气或者沾染了潮气，手串就会开裂、变形。

那么，应该如何保养黄花梨手串才是正确的呢？可以用打火机烤蜂蜡，使其熔化之后滴在一块洁净的细棉布上，然后用沾有蜂蜡的细棉布对黄花梨手串的表面进行擦拭。但需要注意的是，这样的做法宜少不宜多，且擦拭起来一定要均匀（采用薄棉手套较为便捷）。

◁ 黄花梨手串

◁ 黄花梨手串

4 檀香手串的保养

在养护方面，檀香木手串应尽量不要接触水。若檀香木手串碰到了水，必须在第一时间用布擦拭手串；若檀香木手串经常佩戴，则不用给它抹油了；如果平时不想佩戴檀香木手串，则可以为它抹上橄榄油之后再放入盒子中，或者将手串放置于空气不潮湿的地方。

△ 檀香手串

△ 檀香手串

5 | 保养小叶紫檀手串

现在，很多收藏家和投资者都喜爱印度小叶紫檀手串，但对其保养方法并不是很懂。正确的保养方法不仅能够使小叶紫檀手串更加光亮，还能够延长其寿命。

• 不上油、不上蜡

小叶紫檀手串在加工期间及在成品制成以后，千万不能上油、上蜡。经常把印度小叶紫檀木手串拿在手中反反复复地进行盘玩，这样手上产生的油脂就可以将小叶紫檀手串盘得亮晶晶的，根本不需要抛光和上油。

• 不急着上手

千万不可急于上手，一定要先用布（例如搓澡巾）去盘（将小叶紫檀手串放进搓澡巾内后，用手揉捏）小叶紫檀手串，一直到它不再掉颜色（红色）即可。

△ **小叶紫檀手串（局部）**

三

菩提类手串的保养

1 | 对菩提类手串如何小心翼翼

菩提类手串在保养方面需要小心翼翼，具体介绍如下。

- **要防霉、防晒**

像菩提类手串，如果很长一段时间不佩戴，那么在潮湿的天气里就会出现发霉的现象。对此，可以采用少许的清洁剂对其清洗后再晒干。但是，一定不可以过分暴晒手串，否则手串会有爆裂的危险。

- **选择熟透的种子**

用还没有成熟就采摘下来的种子制成的手串，或者在制作期间处理方法不妥当的手串，在空气干燥的环境下就会出现爆裂的情况，因此应选择熟透的种子制作手串才行。

◁ 金刚菩提

△ 星月菩提

- **要防蛀**

长期不用的种子材质的手串也许会出现虫蛀的情况。具体表现为，有些粉末会由手串的孔道中掉落出来。对此，应该用清水对手串进行清洗，在手串晒干以后再给它涂香油。

- **要防水**

质量好的手串采用的是那些已经完全熟透的种子，然后经过十分严谨的工序制作而成。手串就算一不小心掉到了水中，只要用布将其擦干，再将其放在阳光下晒干就可以了。

- **常抚摸**

人的手心会分泌油脂和汗液等，若想让菩提子手串早日出现“包浆”，就得时不时地用手去抚摸，使其整体都呈现类似的色彩和光泽。因为，人的手心在夏天最容易出汗了，所以菩提子手串最适合在夏天佩戴。

2 | 佩戴菩提子手串有“道”

无论是北方人还是南方人，佩戴菩提子手串的最佳季节便是夏季。值得一提的是，菩提子手串亲油脂，所以对那些天生就是油性皮肤的朋友更适合。北方气候干燥，若在很长一段时间里不戴菩提子手串，千万记得将其封存起来，不然很容易干裂。若发现菩提子手串不干净了，则应用小刷子蘸一些橄榄油轻轻地擦去手串上的污垢，需要注意的是，一定要控制橄榄油的量。

△ 凤眼菩提

3 | 菩提子手串盘玩“七步走”

第一步——盘搓

用搓澡巾使劲地搓手串的表面，关键在于清洁手串表面的灰尘、油脂、皮屑和蜡层及对手串实施再抛光。在开始两三日的时间里，大概每日搓2～3小时。

第二步——再次盘搓

用柔软的棉布盘搓一周，这等同于给手串抛光。这时，如果菩提子手串表面出现痕迹属正常现象，在一周后则会变淡。

第三步——自然干燥

自然放置手串一周时间，让手串保持自然干燥，手串表面均匀地接触空气以后会形成均匀而又细密的氧化保护层。

第四步——手盘

手盘手串。此时，手一定是要刚洗过且已干透了的。如果是汗手，千万不可直接去盘。另外，孔口周围必须盘到。盘玩时间约为半小时，1～2周后，就可以感觉有“挂嗒挂嗒”的黏阻感了，事实上这就说明已形成一层“包浆”。

△ 星月菩提

第五步——再次自然干燥

先放置手串一段时间，再自然干燥，这样一来，也好让手串的“包浆”得到一定程度的硬化。通常约一周。

第六步——重复动作

重复“手盘”和“再次自然干燥”的过程5～6遍。大约三个月后，会看到手串上显露出的光泽。在盘玩时，手串有时会呈现反光，且比较强烈，有些类似于玻璃的光泽。需要谨慎的是，若手串脏了，可以用稍微湿的棉布擦拭几遍，接着放一些时日再对其进行盘玩。不过，盘玩手串不要急功近利，要慢慢来。

△ 凤眼菩提

第七步——净化

每隔一个季度取粗海盐对手串清洗、净化一次。具体方法：将粗海盐和矿泉水先调和之后再倒入碗里或者杯子里。手串每净化一次，就能连续佩戴一个季度。

4｜清洗菩提类手串有“度”

菩提类手串脏了，如何清洗？

- **必备工具**

清洗和保养菩提类手串的必备工具包括胶皮手套、钢丝刷、热水、锥子（最好是带点勾的锥子）和橄榄油（应该是那种没有压榨过的，BB油是最佳的）。

- **具体操作**

把菩提类手串置入热的水中，在水里泡一刻钟到半个钟头，用钢丝刷干净为止，在细微的地方可采用锥子将不干净的东西一点一点地剔出来。清理完毕，不需要将其擦干，而是将其放到阴凉的地方阴干，在晾干以后再抹上一层薄薄的橄榄油，均匀地将橄榄油抹到手上，擦匀以后，再用刷子慢慢地刷上去，千万别刷多了，那样很容易让手串“变花”。

◁ 金刚菩提

四
果实（核）类手串的保养

1 | 果实（核）类手串如何“防”

果实（核）手串最容易出现的“事故”便是“开裂”，而开裂的真正原因是核内与核外的湿度不统一。那么，果实（核）手串该如何保养呢？具体如下。

- **防暴晒**

高温灯光或者阳光长时间地直接照射果实（核）手串，它就会开裂。

- **防水洗**

若用水清洁果实（核）手串或者果实（核）手串掉进了水里，由于空囊进水后水分蒸发的速度非常慢，而外表的水分蒸发的速度则非常快，这样就会导致由内向外的膨胀发生，从而出现开裂的情况。若果实（核）手串沾了水，应该将其放在食品保鲜袋中打一松结，让水分一点一点地蒸发，千万不可采取速干法。

▷ 橄榄核手串

◁ 橄榄核手串

- **杜绝口袋“珍藏”**

在冬季来临以后，千万不可以将果实（核）手串放在内衣的口袋里。人们在冬季穿的衣服较多，有不少投资者和收藏者习惯把果实（核）手串放入内衣口袋进行特别的“珍藏”，殊不知，这样做很容易让果实（核）手串出现开裂现象。原因是，人的体温能起到“烘烤”的作用，而内衣的口袋很干燥，会致使手串开裂。

- **防风吹**

风吹是导致果实（核）手串开裂的一个主要原因，尤其是在我国北方地区，短时间的风吹就更容易吹裂手串。所以说，风力稍大，就必须将手串妥善收藏起来，以防发生开裂。

- **防暖气**

在冬天使用暖气（或者暖空调），或者车内（或者室内）的环境非常干燥，就会导致手串开裂。若在暖气环境中采取加湿器加湿空气，那么手串就不容易开裂。

△ 橄榄核手串

△ 橄榄核手串

2 | 如何盘让果实（核）类手串更具“美态”

如何在短时间内让手串更加富有“美态”，下面是具体做法。

现在，有不少人认为直接盘手串，时间久了，手串就自然变得油亮了。其实，新珠子到手以后不一定先用手盘，而应将其佩戴在脖子上，让身体分泌出来的油脂和汗液先滋润一下手串。两三天过后，珠子的颜色就会变深。

接着，我们需要对手串实施“二次抛光”。方法并不复杂，抛光的工具也根本不用砂纸，只需要准备一条毛巾和两副纱布手套就可以了。首先，用绳子将手串串成两排。待手串串好以后，应尽可能地去拉紧它，这样就会让手串各自之间的间隙变小一点，到了抛光的时候也会非常滑顺。然后，把已经串好的手串一头挤在任意一个能够拴紧的地方，另一头可以选择用手拉住，当然也可以同样找个地方将其固定住，这样一来就构成了两排珠子直线。接下来，用提前准备好的两副手套叠起来戴在一起，该做法的好处在于摩擦时不至于太烫，并且也方便用手抓住手串来来回回地运动，如果感觉珠子已经发烫了，就暂时休息一下。待珠子凉了以后，重复以上方法。两小时以后，再看手串就会观察到其表面已经抛光成功。

接下来，我们需要准备一点橄榄油，量千万不要太多，双手摩擦均匀后再均匀地涂抹到手串的表面。当手串的表面泛光时，就可以继续戴上手套摩擦手串，时间约为30分钟。当手串变得又黑又油亮时，我们就可以停下来了。

紧接着，我们就开始使用毛巾了，方法同上，持续60分钟。之后，便会发现手串又光亮了许多，也黑了许多，并且还泛着光。此时，我们就无须再给手串“抛光”了。

最后，我们的手派上了用场。因为我们的手上有油脂和汗液，这样去盘手串，约30分钟后，手就会发烫、发热。几天以后，就会看到手串既油亮又很黑，具有了古董级的品质以及老珠子一般的光泽。

△ 橄榄核手串

△ 橄榄核手串

◁ 橄榄核手串

五
手串的保养误区

1 | 手串开裂怎么办

手串开裂，很多人误认为是不祥预兆，其实，这是错误的见解，须知任何物件用久了难免磨损或折毁，实不足为怪。

如果您购买的是木质手串，并且遇到了开裂的情况，该怎么办呢？

首先，我们得看看它裂到了什么程度，若属于比我们的头发丝还小的龟裂，则能够凭借改善湿度，以及对其耐心地把玩让它恢复原来的样子，时间长了就看不出来了；若出现的裂隙比较大，则可以先打磨一下，再选择打磨下来的粉末填补于木质手串珠的裂隙中，然后用502胶将其粘上，这样一来，在打磨、抛光处理后，就看不出有裂隙存在了。如果只是绳子断了，那换根绳子继续戴就可以了。

△ 碧玺手串

2 | 手串保养“危险区”

事实上，越是天然材质的手串，就越应该注重保养方式。有的人盘玩手串，就像照顾婴儿一样细心地呵护，正因如此，手串才会越盘越好看。可能对于一些人而言做不到那样细致，但保养手串还是要注意一些“危险区”。

- **没了湿度只会害了手串**

室内温度干冷时，一定要注意保持室内的湿度，环境太干只会令手串开裂得更快。

- **用软布擦拭**

经常把玩手串，常用软棉布擦拭。久而久之，手串就会出现“包浆”。

- **碰撞会要了手串的“命”**

不能让手串与其他物品发生碰撞。

△ **碧玺手串**

△ **青金石手串**

△ 青金石手串

△ 南红玛瑙绿松石108粒件珠及手串（一套）